W0171155

Zum Buch

Mit bissigem Humor berichten zwei Insider über Naivität und Dummheit in der modernen Wissenschaft und über deren Konsequenzen für unseren Alltag. Sie stellen ausführlich dar, wie mit der Wahrheit gelogen wird, wie Irrtümer entstehen und wie sie bisweilen trotz klarer Widerlegungen zu anerkannten Schulweisheiten auswachsen.

«Die Forschung ist gegenwärtig eher darauf angelegt, Quantität zu produzieren», schreiben die Autoren. «Qualität in Form von soliden Ergebnissen ist nicht gefragt. Eine unüberschaubare Flut von Desinformation begräbt die tatsächlich neuen Erkenntnisse unter sich und behindert den wissenschaftlichen Fortschritt. Wir wollen dazu beitragen, daß dies nicht so bleibt.»

Fotos: Kujath

Hans-Peter Beck-Bornholdt (rechts), geboren 1950, ist Professor für Biophysik und Strahlenbiologie am Fachbereich Medizin der Universität Hamburg. Gutachtend tätig für die Deutsche Forschungsgemeinschaft. Drei wissenschaftliche Preise. **Hans-Hermann Dubben**, geboren 1955, Studium der Physik, Promotion in Biophysik, ist wissenschaftlicher Mitarbeiter am Universitäts-Krankenhaus Hamburg-Eppendorf.

Hans-Peter Beck-Bornholdt
Hans-Hermann Dubben

Der Hund, der Eier legt

Erkennen von Fehlinformation
durch Querdenken

Rowohlt

rororo science
Lektorat Jens Petersen

Originalausgabe
Veröffentlicht im Rowohlt Taschenbuch Verlag GmbH,
Reinbek bei Hamburg, Dezember 1997
Copyright © 1997 by Rowohlt Taschenbuch Verlag GmbH,
Reinbek bei Hamburg
Redaktion Imke Hoffmann
Umschlaggestaltung Barbara Hanke
Satz aus Sabon und Futura PageOne
Gesamtherstellung Clausen & Bosse, Leck
Printed in Germany
1690-ISBN 3 499 60359 4

Inhalt

Eigentlich weiß man nur, wenn man wenig weiß;
mit dem Wissen wächst der Zweifel.
Johann Wolfgang von Goethe

Vorwort

Die Wahrheit triumphiert nie,
ihre Gegner sterben nur aus.
Max Planck

Irren ist menschlich. Durch Versuch und Irrtum erkennen wir unsere Welt. Einige Irrtümer allerdings schaffen trotz klarer Widerlegungen den Sprung ins Lehrbuch. Einmal in Büchern oder Köpfen angelangt, können sie kaum noch korrigiert werden.

Unser Buch beschreibt eine Auswahl dieser Irrtümer, ihre Entstehung, ihre Resistenz gegen Widerlegungen und ihre Ausbreitungsmechanismen. Die Forschung ist gegenwärtig eher darauf angelegt, Quantität zu produzieren. Allein in den biomedizinischen Fachzeitschriften werden jährlich etwa vier Millionen Artikel veröffentlicht, von denen viele wertlos sind. Qualität in Form von soliden Ergebnissen ist nicht gefragt. Eine unüberschaubare Flut von Desinformation begräbt die tatsächlich neuen Erkenntnisse unter sich und behindert den wissenschaftlichen Fortschritt. Wir wollen dazu beitragen, daß dies nicht so bleibt.

Dieses Buch ist unvollständig, denn die Vielfalt der Irrtümer ist grenzenlos. Wir haben selbst schon sehr viele begangen – darum kennen wir uns so gut damit aus. Viele der hier aufgeschriebenen Gedanken haben andere bereits vor uns gedacht, doch sind sie nur selten beherzigt worden. Wir sind dennoch überzeugt, daß diese Einführung in die Zwickmühlen der Forschung brisant und unterhaltsam ist. Brisant vor allem deshalb, weil die Grenze zwischen Irrtum und Wissenschaftsbetrug nicht immer eindeutig verläuft.

Der Text hat Risiken und Nebenwirkungen. Wir weisen auch dann auf Probleme hin, wenn wir keine Lösung anbieten können. Trotz vordergründig vergnüglicher Darreichungsform birgt dieses Buch die Gefahr nachhaltiger Verunsicherung, steigert allerdings gleichzeitig die Kritikfähigkeit.

Der Hund, der Eier legt entstand aus dem Skriptum unserer Vorlesung «Vom Irrtum zum Lehrsatz», die wir seit zwei Jahren im Fachbereich Medizin der Universität Hamburg halten und die 1996 mit dem «Fischer-Appelt-Preis für hervorragende Leistungen in der akademischen Lehre» ausgezeichnet wurde.

Hamburg, im April 1997

Ohne Panik positiv
Aussagekraft von Vorsorgeuntersuchungen –
Prävalenz

> Gesundheit bezeichnet den Zustand eines Menschen,
> der nicht häufig genug untersucht wurde.
> *Dirk Maxeiner und Michael Miersch*

Trugschlüsse und Irrtümer sind ansteckend wie Windpocken, und wie ansteckende Krankheiten breiten sie sich aus. Wer eine Infektion überstanden hat, ist danach häufig immun gegen erneuten Befall, und wer einen Trugschluß erst einmal erkannt hat, fällt auf ihn nicht mehr so leicht herein. Mit diesem Buch möchten wir Ihre Widerstandskraft gegen Irrtümer und Trugschlüsse stärken.

Sie sind soeben aus einem herrlichen Urlaub in einem fernen exotischen Land zurückgekehrt. Es ist touristisch noch fast unerschlossen, und Sie haben sich prächtig erholt. Während Ihres Aufenthalts haben Sie erfahren, daß es dort eine seltene Erkrankung gibt, die Canine Ovorhoe, auch Bellsucht genannt. Die Anstekkungsgefahr für Touristen ist zwar gering, dennoch entschließen Sie sich, bei Ihrem Arzt einen Test durchführen zu lassen, da die Heilungschancen bei einer Früherkennung deutlich besser sind als nach dem Ausbruch der Krankheit. Ein paar Tage nach der Untersuchung ruft Ihr Arzt Sie an und offenbart Ihnen, daß Ihr Test positiv ist. Es sind also Hinweise auf eine Canine Ovorhoe gefunden worden. Ihr Arzt gibt Ihnen zusätzlich folgende Informationen:
1. Zur Zuverlässigkeit des Tests sagt er Ihnen, daß durch ihn die Bellsucht bei 99 von 100 Menschen, die von ihr infiziert sind, erkannt wird – nur einer wird übersehen. In 99 Prozent der Untersuchungen Erkrankter liefert der Test also ein positives und richtiges Ergebnis, in 1 Prozent der Fälle ein negatives und falsches. Andererseits werden von 100 Nichtinfizierten 98 auch als gesund erkannt. Nur zwei geraten fälschlich in den Verdacht, krank zu sein

(und zu denen möchten Sie gehören). Der Test liefert also in 98 Prozent der Untersuchungen Gesunder ein negatives und richtiges Ergebnis, in 2 Prozent ein positives und falsches.

2. Über die Bellsucht erfahren Sie, daß sie nur etwa bei jedem tausendsten Touristen, der in dem exotischen Land war, auftritt, sich aber zunächst durch keine Symptome zu erkennen gibt.

3. Da Ihr Testergebnis positiv war, ist zur weiteren Abklärung ein kleiner chirurgischer Eingriff unter Vollnarkose erforderlich, verbunden mit einem dreitägigen Klinikaufenthalt.

Der Test identifiziert mit 99prozentiger Sicherheit die Erkrankten und mit 98prozentiger Sicherheit die Gesunden. Er ist also sehr zuverlässig. Und er ist bei Ihnen positiv ausgefallen. Besteht Grund, sich ernsthafte Sorgen zu machen? Sie setzen sich in den Sessel, erholen sich vom ersten Schock und überlegen sich das Ganze in Ruhe. Wie groß ist die Wahrscheinlichkeit, daß Sie an Caniner Ovorhoe leiden? Bitte kreuzen Sie an:

Da mein Testergebnis positiv ist, bin ich mit folgender Wahrscheinlichkeit (in Prozent) bellsüchtig:

☐ 99
☐ 98
☐ etwa 95
☐ etwa 50
☐ etwa 5
☐ 2
☐ 1

Sie werden hoffentlich nicht in Panik geraten und, bevor Sie eine Operation überhaupt in Erwägung ziehen, auf einer Wiederholung des Tests bestehen. Hier die Überlegungen dazu (da man bei vielen Zahlen leicht durcheinandergerät, haben wir die Tabelle 1 – siehe Seite 18 – erstellt):

Nehmen wir an, daß sich 100 100 Menschen, aus dem exotischen Land zurückgekehrt, diesem Test unterziehen. Da sich nur jeder Tausendste angesteckt hat, sind unter den Getesteten ungefähr 100 Kranke und 100 000 Gesunde zu erwarten. Bei 99 der 100 Bellsüchtigen wird die Infektion durch den Test korrekt festgestellt und bei einem fälschlich übersehen (99prozentige Sicherheit, die Erkrankten zu erkennen). Von den 100 000 Nichtinfizierten stuft der Test 98 000 richtig als gesund ein (98prozentige Sicherheit, die Gesunden zu erkennen), den Rest, das heißt 2000 gesunde Menschen, irrtümlicherweise als krank. Insgesamt wurden 99 + 2000 = 2099 Menschen mit einem positiven Testergebnis erschreckt. Die Wahrscheinlichkeit, daß Sie mit Ihrem positiven Test zu den 99 tatsächlich Bellsüchtigen gehören, beträgt 99/2099 = 0,0472 = 0,0472 × 100 Prozent = 4,72 Prozent = etwa 5 Prozent. Diese Zahl ist die Lösung in unserem Wahrscheinlichkeitsquiz. In der Regel wird ein wesentlich höheres Risiko erwartet. Sollten auch Sie falsch getippt haben, dann befinden Sie sich in guter Gesellschaft. Wir haben vor wenigen Wochen auf einer Klausurtagung der Europäischen Gesellschaft für Radioonkologie (ESTRO) einem Drittel der Teilnehmer dieselbe Frage gestellt. Von fünfzehn Befragten gab nur einer die richtige Antwort, elf lagen völlig falsch bei 99, 98 beziehungsweise etwa 95 Prozent, zwei tippten auf etwa 50 und einer auf 2 Prozent. Ein erschütterndes Ergebnis, wenn man bedenkt, daß die meisten Befragten an europäischen oder amerikanischen Hochschulen lehren und fünf als Spezialisten auf dem Gebiet der prädiktiven Tests gelten.

Sie lassen den Test nach einiger Zeit wiederholen.[1] Jeder gute

---

1 Ein zweiter Test ist nur dann sinnvoll, wenn er unabhängig vom ersten erfolgt. Dies ist nicht immer möglich. Bei der Mammographie beispielsweise wird eine nach wenigen Tagen durchgeführte zweite Untersuchung praktisch dasselbe Bild ergeben wie die erste. Bei der im weiteren Text folgenden Berechnung unterstellen wir außerdem, daß kein systematischer Fehler vorliegt. Dies könnte beispielsweise bei einer Blutuntersuchung der Fall sein, die zu einem positiven Befund geführt hat, weil der Patient nicht nüchtern war, als ihm Blut abgenommen wurde. Wenn er auch bei der zweiten Blutabnahme nicht nüchtern ist, wird sich wieder das gleiche falsche Ergebnis einstellen.

Tabelle 1: Übersichtstabelle zur Bestimmung der Erkrankungs-wahrscheinlichkeit bei positivem Test

Personen		Test positiv	Test negativ
Krank	100	99	1 **
Gesund	100 000	2000 *	98 000
Summe	100 100	2099	98 001

* Hier stehen die Gesunden mit dem falsch positiven Ergebnis: 2 Prozent von 100 000 = 2000.

** Hier stehen die Kranken mit dem falsch negativen Ergebnis: 1 Prozent von 100 = 1.

Alle weiteren Zahlen ergeben sich durch Addition beziehungsweise Subtraktion in den Zeilen und Spalten.

Mediziner hätte Ihnen das ohnehin vorgeschlagen. Mit Bedauern teilt Ihnen der Arzt mit, das Ergebnis sei wieder positiv. Was nun?

Die Überlegungen dazu sind dieselben wie oben, nur mit anderen Zahlen. Wir erstellen wieder eine Tabelle, die Tabelle 2: Nehmen wir an, daß sich alle 2099 Personen mit positivem Ergebnis im ersten Test, genauso besorgt wie Sie, erneut untersuchen lassen. Da der Test auch in der zweiten Runde bei Kranken mit 99prozentiger Sicherheit ein positives Ergebnis liefert, können wir davon ausgehen, daß er von den 99 Bellsüchtigen 98 als infiziert und einen wieder fälschlich als gesund einstuft. Von den 2000 gesunden Menschen werden jetzt 1960 (= 98 Prozent) richtig für gesund befunden. Beim Rest, 2000 − 1960 = 40 Gesunden, besteht auch nach diesem zweiten Test Bellsuchtverdacht, weil ihr Ergebnis fälschlich positiv ausfällt. Diesmal erhalten insgesamt 98 + 40 = 138 der Untersuchten ein positives Testergebnis. Die Wahrscheinlichkeit, zu den 98 tatsächlich Erkrankten zu gehören, beträgt jetzt 98 / 138 = 0,71 = 0,71 × 100 Prozent = 71 Prozent. Das ist schon eher ein Grund zur Unruhe, aber es bestehen immer noch gute Chancen (29 Prozent), daß Sie in Wirklichkeit gesund sind.

Tabelle 2: Übersichtstabelle zur Bestimmung der Erkrankungswahrscheinlichkeit, wenn auch der zweite Test positiv ausfällt

	Personen mit erstem Test positiv	Zweiter Test positiv	Zweiter Test negativ
Krank	99	98	1 **
Gesund	2000	40 *	1960
Summe	2099	138	1961

* Hier stehen die Gesunden mit dem falsch positiven Ergebnis: 2 Prozent von 2000 = 40.
** Hier stehen die Kranken mit dem falsch negativen Ergebnis: 1 Prozent von 99 = 1.
Alle weiteren Zahlen ergeben sich durch Addition beziehungsweise Subtraktion in den Zeilen und Spalten.

Die Wahrscheinlichkeit, daß bei positivem Ergebnis tatsächlich eine Erkrankung vorliegt, schätzen die meisten intuitiv viel zu hoch ein. Dies liegt vermutlich daran, daß im allgemeinen nur die Genauigkeit des Tests berücksichtigt wird, aber nicht die Häufigkeit der Krankheit. Ein Maß für diese Häufigkeit ist die sogenannte Prävalenz. In unserem Beispiel beträgt sie 1 zu 1000.

Es gibt nur wenige Tests, die so genau sind wie der in unserem ausgedachten Beispiel. In der Regel besteht nach einem positiven Resultat noch viel weniger Grund zur Panik, wie wir anhand aktueller Zahlen aus der Brust- und Darmkrebsvorsorge gleich sehen werden.

Bei der Mammographie (Brustkrebs-Vorsorgeuntersuchung) kommen falsch positive Befunde sehr selten vor, wenn sie von erfahrenen Gynäkologen durchgeführt wird. Die Rate beträgt lediglich etwa 0,27 Prozent. Falsch negativ sind etwa 10 Prozent der Ergebnisse, das heißt, jeder zehnte Fall von Brustkrebs wird bei der Mammographie übersehen. Die Prävalenz einer typischen Population von Frauen in Deutschland, die an Vorsorgeuntersuchungen teilnehmen, beträgt etwa 0,15 Prozent, also 150 von 100 000

(Frischbier 1994; Fournier 1996). Damit ergibt sich folgende Tabelle:

Tabelle 3: Übersichtstabelle zur Bestimmung der Wahrscheinlichkeit einer tatsächlichen Brustkrebserkrankung bei positivem Mammographiebefund ohne weitere Symptome

	Personen	Test positiv	Test negativ
Brustkrebs	150	135	15 **
Gesund	99 850	270 *	99 580
Summe	100 000	405	99 595

* Hier stehen die Gesunden mit dem falsch positiven Ergebnis: 0,27 Prozent von 99 850 = 270.
** Hier stehen die Kranken mit dem falsch negativen Ergebnis: 10 Prozent von 150 = 15. Alle weiteren Zahlen ergeben sich durch Addition beziehungsweise Subtraktion in den Zeilen und Spalten.

Trotz der relativ hohen Sicherheit der Untersuchungsergebnisse werden etwa zwei Drittel aller Biopsien gesunden Frauen entnommen (270/405 = 2/3). Dennoch lohnt sich der Einsatz, denn der Nutzen ist für die tatsächlich an Brustkrebs Erkrankten außerordentlich hoch, weil die Heilungschancen bei einer frühen Diagnose sehr viel besser sind. Das Beispiel zeigt aber deutlich, wie wichtig es ist, daß erfahrene Ärzte die Untersuchung durchführen. Selbst eine scheinbar geringfügige Erhöhung der falsch positiven Befunde führt zu einer beachtlichen Zunahme der Frauen, bei denen der Eingriff ohne Grund vorgenommen wird.

Ein anderes Beispiel aus der Krebsvorsorge bezieht sich auf das Rektumkarzinom (Mastdarmkrebs). Die Wahrscheinlichkeit (Prävalenz), daß jemand ohne spezifische Symptome an Mastdarmkrebs leidet, liegt in Deutschland bei 0,3 Prozent. Das entspricht 300 Kranken unter 100 000 Menschen. Bei einem gebräuchlichen Test, der zur Feststellung von Blut im Stuhl für die Frühdiagnose des Rektumkarzinoms eingesetzt wird, beträgt die Wahrscheinlichkeit für falsch positive Testergebnisse 3 Prozent und für falsch negative sogar 50 Prozent [1]d*. Fällt der Test positiv aus, dann beträgt die Wahrscheinlichkeit, tatsächlich an Mastdarmkrebs erkrankt zu sein, 150/3141 = 0,0478 × 100 Prozent = 4,78, also etwa 5 Prozent.

Tabelle 4: Übersichtstabelle zur Bestimmung der Wahrscheinlichkeit einer tatsächlichen Mastdarmkrebserkrankung bei positivem Testergebnis

	Personen	Test positiv	Test negativ
Mastdarmkrebs	300	150	150 **
Gesund	99 700	2991 *	96 709
Summe	100 000	3141	96 859

* Hier stehen die Gesunden mit dem falsch positiven Ergebnis: 3 Prozent von 99 700 = 2990.
** Hier stehen die Kranken mit dem falsch negativen Ergebnis: 50 Prozent von 300 = 150. Alle weiteren Zahlen ergeben sich durch Addition beziehungsweise Subtraktion in den Zeilen und Spalten.

Demnach erhalten 2991 Menschen ein falsch positives Testergebnis, das heißt, bei ihnen sind die zum Teil unangenehmen anschließenden Untersuchungen (Rektoskopie, Röntgenkontrast, Koloskopie) praktisch unnötig. Allerdings wird durch diese das Karzinom bei einem von zwanzig insgesamt Untersuchten (150/3141 ≈ 1/20) früher entdeckt, was dazu führt, daß er eine bessere Heilungschance hat. Für den großen Vorteil, den die Vorsorge diesem einen Erkrankten bringt, müssen also viele Gesunde kleine Nachteile (Unannehmlichkeiten, eventuell Nebenwirkungen) in Kauf nehmen. Vorsorgeprogramme laufen offensichtlich

*Die Ziffern in Klammern verweisen auf die Anmerkungen Seite 233 ff.

auf eine Risikostreuung hinaus, wie sie in jeder Versicherungs- oder Solidargemeinschaft besteht.

Die Wahrscheinlichkeit, daß sich Untersuchte mit einem negativen Ergebnis in falscher Sicherheit wiegen und doch ein unerkanntes Rektumkarzinom haben, beträgt $150/96\,859 = 0{,}00155 = 0{,}00155 \times 100$ Prozent $= 0{,}155$ Prozent. Die Prävalenz der Nichtgetesteten betrug, wie erwähnt, 0,3 Prozent. Mit einem negativen Testergebnis können Sie es sich jetzt leisten, Ihre Unsicherheit hinsichtlich Mastdarmkrebs um die Hälfte zu reduzieren $(0{,}155/0{,}3 \approx 1/2$. An Sicherheitsgewinn bringt der Test Ihnen allerdings nur $0{,}3 - 0{,}155 = 0{,}145$ Prozent.

Ein weiteres Beispiel betrifft Aids, das heißt den HIV-Test [2]. Er ist einer der zuverlässigsten Tests, die jemals entwickelt wurden. Falsch negative Ergebnisse kommen praktisch nicht vor. Und wenn doch einmal wie vor einigen Monaten mit dem Test eines bestimmten Herstellers europaweit vier Fälle übersehen werden, dann berichtet darüber die Tagespresse. Zu beachten ist allerdings, daß sich das HIV erst vier bis acht Wochen nach der Ansteckung nachweisen läßt. Wenn innerhalb dieses Zeitraums der Test trotz Infektion ein negatives Ergebnis liefert, dann wird das selbstverständlich nicht als falsch negativ gewertet. Falsch positive Ergebnisse sind ebenfalls außerordentlich selten, sie liegen bei etwa 0,2 Prozent.

Überraschenderweise hängt die Wahrscheinlichkeit, daß ein Test-Positiver tatsächlich HIV-infiziert ist, auch davon ab, *wo* er untersucht wurde, selbst wenn die durchgeführten Tests überall die gleichen sind. Um dies zu verdeutlichen, zeigen wir Ihnen die Daten von zwei Institutionen mit sehr unterschiedlicher Klientel.

Unter den insgesamt etwa 20 000 Blutspendern eines großen deutschen Krankenhauses gab es in den letzten zehn Jahren nur einen einzigen Ansteckungsfall. Mit dieser Prävalenz ergibt sich folgende Tabelle:

Tabelle 5: Übersichtstabelle zur Bestimmung der Wahrscheinlichkeit einer HIV-Infektion bei Blutspendern mit positivem Testergebnis (ELISA)

	Personen	Test positiv	Test negativ
HIV-infiziert	1	1	0 **
Gesund	19 999	40 *	19 959
Summe	20 000	41	19 959

* Hier stehen die Gesunden mit dem falsch positiven Ergebnis: 0,2 Prozent von 19 999 = 40.
** Beim HIV-Test gibt es praktisch keine falsch negativen Ergebnisse.
Alle weiteren Zahlen ergeben sich durch Addition beziehungsweise Subtraktion in den Zeilen und Spalten.

Nur einer von 41 Blutspendern mit positivem Testergebnis war tatsächlich mit dem Aidsvirus infiziert. Die Wahrscheinlichkeit, sich angesteckt zu haben, betrug bei ihnen also lediglich 1/41 = 2,4 Prozent.

In einem norddeutschen diagnostischen Labor hingegen liegt die Prävalenz mit 1,5 Prozent wesentlich höher, was darauf zurückzuführen ist, daß hier die Proben zum großen Teil von Personen stammen, die Anlaß haben, sich einem HIV-Test zu unterziehen, während bei der Blutbank aus Sicherheitsgründen das Blut *aller* Spender untersucht wird. Mit der höheren Prävalenz ergibt sich Tabelle 6.

Die Wahrscheinlichkeit, daß bei einem positiven Testergebnis tatsächlich eine HIV-Infektion vorliegt, ist hier deutlich größer. Sie beträgt 300/339 = 88,5 Prozent. Diese enorm unterschiedlichen Wahrscheinlichkeiten kommen dadurch zustande, daß die beiden Populationen verschiedene Risikogruppen repräsentieren. Die eben berechneten Wahrscheinlichkeiten sind ein Maß für die Zuverlässigkeit des Tests in einer bestimmten Umgebung, also unter Berücksichtigung der Klientel der Institution, die die Untersuchungen durchführt. Bei einem positiven Testergebnis führt sie mit der ursprünglich gewonnenen Blutprobe einen zweiten Test durch, den sogenannten Immunoblot, der eine deutlich geringere Rate an

Tabelle 6: Übersichtstabelle zur Bestimmung der Wahrscheinlichkeit einer HIV-Infektion bei ELISA-Test-Positiven, deren Blut in einem diagnostischen Labor untersucht wurde

	Personen	Test positiv	Test negativ
HIV-infiziert	300	300	0 **
Gesund	19 700	39 *	19 661
Summe	20 000	339	19 661

* Hier stehen die Gesunden mit falsch positivem Ergebnis: 0,2 Prozent von 19 700 ≈ 39.
** Beim HIV-Test gibt es praktisch keine falsch negativen Ergebnisse.
Alle weiteren Zahlen ergeben sich durch Addition beziehungsweise Subtraktion in den Zeilen und Spalten.

falsch positiven Resultaten hat, aber auch erheblich teurer und aufwendiger ist. Mit ihm können praktisch alle Fehldiagnosen ausgeschaltet werden. Bei den dann immer noch positiven Patienten wird so rasch wie möglich ein zweites Mal Blut abgenommen und der Test wiederholt. Dies ist auch deshalb notwendig, weil sich eine Verwechslung von Blutproben nie ganz ausschließen läßt. Auch Verfahrensfehler sind möglich, werden allerdings weitgehend durch Kontrollproben vermieden. Erst wenn das Ergebnis des zweiten Tests wiederum positiv ist, wird der Patient informiert, und zwar umgehend.

Zum Schluß sei angemerkt, daß es einem Menschen mit einer eventuellen HIV-Infektion nichts nützt, ein Untersuchungslabor mit möglichst kleiner Prävalenz aufzusuchen. Die Wahrscheinlichkeit, daß er sich angesteckt hat, hängt nicht von der nachträglichen Entscheidung ab, wo er sich untersuchen läßt.

Wir backen uns eine Schlagzeile
Zufällige und echte Häufung

Jahrelang keinen Platten am Fahrrad und jetzt gleich zwei innerhalb eines Monats! Ist das Zufall? Sabotage? Oder brauche ich neue Reifen? – Zur Zeit werden viele Zwillinge geboren: bei uns gegenüber im ersten Stock und bei der besten Freundin meiner Cousine auch. Ist das Zufall oder auf die Wirkung von Hormonen im Trinkwasser zurückzuführen? – Ein kleiner Ort in Oberbayern hat 2873 Einwohner. Vier davon sind über hundert Jahre alt. Ist das Zufall? Liegt es an der Landluft? Oder an gesunder Lebensführung? – In der Samtgemeinde Elbmarsch nahe dem Kernkraftwerk Krümmel bei Hamburg erkrankten zwischen Februar 1990 und Mai 1991 fünf Kinder an Leukämie. Kann das Zufall sein?

Zufällige von systematischen Ereignissen zu unterscheiden ist Aufgabe der Statistik. Das hört sich verdächtig nach Mathematik an, was nicht jedermanns Sache ist. Deshalb haben wir sie in die Fußnoten und in den Anhang verbannt. Wer es nicht so genau wissen will, kann das Kleingedruckte getrost auslassen. Um Sie mit der für Fragen wie die oben gestellten zuständigen Statistik-Spezialität anzufreunden, schlagen wir Ihnen eine Aufwärmübung am Backofen vor.

Statistik für Kuchenesser
Wie sieht eine zufällige Verteilung aus?

Als Lehrende an der Universität Hamburg machen wir regelmäßig die Erfahrung, daß falsche Vorstellungen darüber bestehen, wie etwas aussieht, das zufällig entstanden ist. Wir möchten Ihnen daher ein einfaches praktisches Beispiel vorführen.

Sie backen einen Kuchen. In Abwandlung des Originalrezepts geben Sie zwanzig Kaffebohnen in den fertigen Teig. Bitte gründlich umrühren. Nach dem Backen soll der Kuchen in zwanzig gleich große Stücke zerschnitten werden. Während er im Ofen ist, haben wir Zeit, darüber nachzudenken, wie viele Bohnen Sie in den einzelnen Kuchenstücken erwarten können.

Im Mittel befindet sich in jedem Stück eine Bohne. Wenn das aber tatsächlich der Fall ist, dann liegt der Verdacht nahe, daß der Bäcker nicht einfach gerührt, sondern den Kuchen sorgsam garniert hat. Man kann ausrechnen [1], daß alle Bürger der Bundesrepublik Deutschland einen Kuchen backen müssen, damit zufällig etwa zwei Kuchen mit gleichmäßig verteilten Kaffeebohnen entstehen. Am unwahrscheinlichsten ist es, daß alle zwanzig Bohnen zufällig in einem einzigen Stück landen. Da können Sie jede Wette

---

[1] Um die Wahrscheinlichkeit für diese ganz gleichmäßige Verteilung der Kaffeebohnen zu berechnen, stellen Sie sich vor, daß sie nacheinander in den Kuchen gelangen. Die erste Bohne hat die freie Auswahl. Die zweite darf sich nur nicht das Stück aussuchen, in dem sich bereits die erste befindet. Sie hat daher nur noch neunzehn der zwanzig Wahlmöglichkeiten. Bohne Nummer drei darf weder in das Stück der ersten noch in das der zweiten gelangen, sie hat nur noch achtzehn von zwanzig Optionen. So geht es weiter bis zur letzten Bohne. Sie hat überhaupt keine Alternative mehr, sie muß das übriggebliebene zwanzigste Stück nehmen. Hieraus ergibt sich folgende Formel: $20/20 \times 19/20 \times 18/20 \times ... \times 1/20 = 0,000000023$ oder $1 : 43\,099\,804$. (Allgemein gilt $n!/n^n$, was wir später genauer erklären werden.) Bei etwa $80\,000\,000$ backenden Bundesbürgern sind also im Mittel etwa zwei Kuchen mit gleichmäßiger Bohnenverteilung zu erwarten.

eingehen, daß der Bäcker nicht richtig gerührt oder ganz unzufällig nachgeholfen hat[2]. Wir können viel eher Kuchenstücke mit zwei, drei oder mehr Kaffeebohnen und entsprechend viele ohne Bohne erwarten. Am wahrscheinlichsten ist es, daß wir sieben Stücke ohne, sieben mit einer, fünf mit zwei und ein Stück mit drei Kaffeebohnen vorfinden.

Mit derartigen Häufungen sind wir bei dem Stoff, aus dem Schlagzeilen gebacken werden, und bei dem Problem, Zufälle und Ursachen auseinanderzuhalten. Ist schlampig gerührt worden, wenn wir einmal sechs Bohnen in einem Kuchenstück finden? Oder kann das noch Zufall sein? Wenn in einer Kleinstadt innerhalb von fünfzehn Monaten fünf Fälle einer Leukämie im Kindesalter auftreten: Kann das Zufall sein, oder ist es ein Beweis für eine Gefährdung, deren Ursache und Verursacher unverzüglich gefunden werden müssen?

Über Zufälle und Ursachen: ein Leukämieszenario

Im folgenden simulierten Szenario werden Sie erfahren, wie etwas Zufälliges entsteht und wie es aussieht.

Als Versuchsfeld benötigen wir ein großes Quadrat mit

2 Um die Wahrscheinlichkeit für diesen Fall zu berechnen, stellen Sie sich erneut vor, daß die Kaffeebohnen nacheinander in den Kuchen gelangen. Die erste hat wieder die freie Auswahl unter allen zwanzig Stücken. Alle folgenden Bohnen müssen dann aber in genau dasselbe Stück geraten, was für jede mit einer Wahrscheinlichkeit von 1/20 geschieht. Daß dies bei allen neunzehn folgenden Bohnen der Fall ist, hat eine Wahrscheinlichkeit von $(1/20)^{19} = 0,0000000000000000000000000191$. Wenn alle sechs Milliarden Menschen auf der Erde ununterbrochen jede Sekunde einen solchen Kuchen backen, dann tritt dieses Ereignis im Schnitt alle 28 Millionen Jahre einmal zufällig auf.

6×6=36 Feldern (Abbildung 1) und zwei unterscheidbare Würfel, zum Beispiel einen schwarzen und einen weißen. Jedes Feld ist, wie beim Spiel «Schiffe versenken», durch zwei Zahlen gekennzeichnet. Der weiße Würfel gibt die Zeile und der schwarze die Spalte an. Nach dem Werfen zum Beispiel einer weißen Drei und einer schwarzen Fünf wird das Feld in der dritten Zeile und der fünften Spalte mit einem senkrechten Strich markiert. Wird ein Feld mehrmals getroffen, erhält es jedesmal einen weiteren Strich.

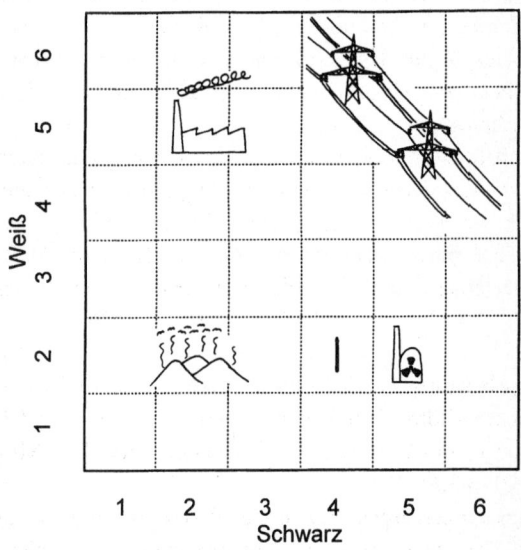

Abbildung 1: Versuchsfeld für ein simuliertes Leukämieszenario mit einem Kernkraftwerk, einer Chemiefabrik, einer Mülldeponie und einer Hochspannungsleitung. Der erste simulierte Leukämiefall trat im Feld 2–4 auf (senkrechter Strich).

Um unserem Versuchsfeld einen realistischen Bezug zu geben, haben wir daraus eine Landkarte gemacht und sie mit Merkmalen einer Industrielandschaft versehen: einem Kernkraftwerk, einer Chemiefabrik, einer Hochspannungsleitung und einer Mülldeponie. Jeder gewürfelte Strich entspricht einem Fall einer seltenen Erkrankung, beispielsweise einer Leukämie im Kindesalter.

Wir beginnen jetzt mit dem Versuch, indem wir die Würfel werfen und den ersten Treffer eintragen (Abbildung 1). In unserem Beispiel trat der erste Fall im Feld 2–4 auf. Die durchschnittliche Leukämierate auf dem gesamten Versuchsfeld ist jetzt 1/36, denn wir haben einen Treffer auf sechsunddreißig Kästchen. Im markierten Feld beträgt die Leukämierate 1. Sie liegt um den Faktor 36 über dem Durchschnitt. Das ist zwar zweifellos eine richtige Feststellung, aber ohne Relevanz, denn irgendwo mußte der Treffer ja schließlich landen.

Die nächste Abbildung zeigt unser Versuchsfeld nach zehn Würfen. Der letzte Treffer ist im Feld 6–1, also links oben in der Ecke, gelandet. Dort befinden sich jetzt zwei Striche. Vor dem zehnten Wurf gab es neun Felder mit jeweils einem Treffer. Die Wahrscheinlichkeit, daß der zehnte zu einem bereits markierten Quadrat führen würde, betrug 9/36 = 0,25 = 25 Prozent. Im Mittel haben wir jetzt 10/36 = 0,28 Leukämien pro Feld. Im Quadrat links oben traten jedoch zwei Fälle auf. Das Risiko ist dort siebenfach überhöht (2/0,2 = 7,1), während es in den Kästchen mit einem Fall um das Drei- bis Vierfache über dem Mittelwert liegt (1/0,28 = 3,6).

Pressemeldungen über horrende Risikoerhöhungen beruhen häufig auf ähnlich unsinnigen Berechnungen. So erschien jüngst ein Bericht in der Zeitschrift *Fortschritte der Medizin* mit dem Titel «Erhöhtes Leukämierisiko in der Region um La Hague». La Hague ist eine Wiederaufbereitungsanlage für Kernbrennstoffe in Frankreich. Bei der beschriebenen Untersuchung, die die in der Umgebung der Anlage aufgetretenen Leukämiefälle der letzten fünfzehn Jahre berücksichtigt, wurden «vier Leukämiefälle anstelle der zu erwartenden 1,4 Fälle ermittelt. Hier erscheint das

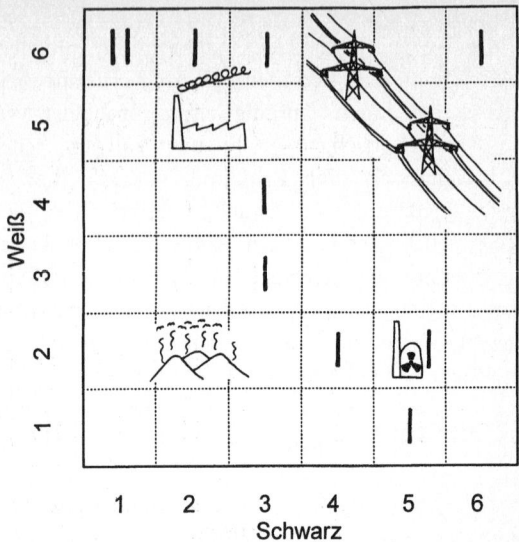

Abbildung 2: Simuliertes Leukämieszenario nach Auftreten des zehnten simulierten Leukämiefalls. Die Leukämierate ist im Feld 6–1 mit zwei Fällen gegenüber dem Durchschnitt siebenfach überhöht.

Leukämierisiko demnach um den Faktor 3 erhöht.» Dieser Bericht erinnert sehr stark an unser Würfelexperiment. Das Problem bei seltenen Erkrankungen sind die sehr geringen Fallzahlen, die es nicht erlauben, zufällige Häufungen von systematischen zu unterscheiden.

Nach insgesamt 36 Würfen, also im Durchschnitt einem Treffer pro Feld, ergab sich bei uns (Abbildung 3) eine deutliche Leukämiehäufung in der Nähe des Kernkraftwerkes und um die Chemiefabrik herum. Es gehört nicht viel Phantasie dazu, sich die entsprechenden Schlagzeilen in der Regionalpresse vorzustellen.

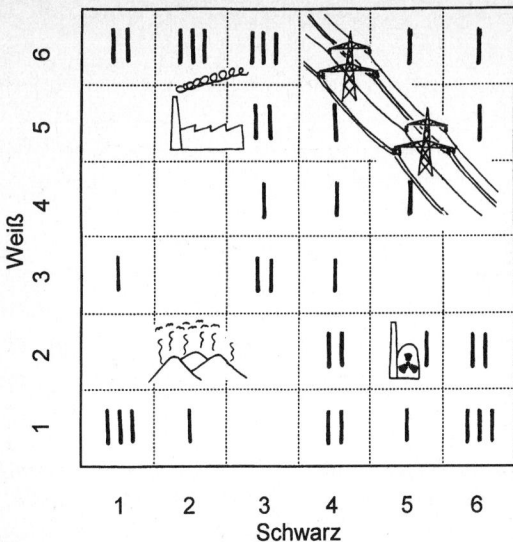

Abbildung 3: Simuliertes Leukämieszenario nach Auftreten von 36 «Fällen». Sie sind gewürfelte Zufallstreffer mit im Durchschnitt einem Fall pro Feld. Es ergaben sich deutliche Häufungen in der Umgebung des Kernkraftwerks und der Chemiefabrik.

Unser Beispiel könnte manipuliert sein. Dies läßt sich am besten überprüfen, indem Sie den Versuch selbst wiederholen. Zeichnen Sie Ihre eigene Industrielandschaft in Abbildung 4 ein, und würfeln Sie 36mal. Bei der späteren Beurteilung der Sachlage auf Ihrem Spielfeld und der anschließenden Suche nach einem Schuldigen werden Sie immer einen Weg finden, die Risikoerhöhung Ihrem Lieblingsverursacher in die Schuhe zu schieben.

In der Realität treten neben räumlichen auch zeitliche Häufungen auf. Dies ist einfach zu verstehen. Sie müssen sich dazu nur die 36 Felder unseres Szenarios als aufeinanderfolgende Tage, Wochen, Monate usw. vorstellen. Schon erhalten Sie Zeitabschnitte, in denen sich seltene Ereignisse plötzlich häufen. Wir werden später in diesem Kapitel darauf zurückkommen.

Es gibt statistische Verfahren, mit denen Vorhersagen für das 6×6-Feld berechnet werden können.[3] Um unsere und Ihre eigenen Ergebnisse mit dieser Prognose zu vergleichen, zählen Sie bitte die Kästchen, die keinen, einen, zwei, drei usw. Treffer abbekommen haben, und tragen Sie das jeweilige Ergebnis in Tabelle 7 ein. Zur Probe addieren Sie die Zahlen und überprüfen, ob auch genau 36 herauskommt.

Statistisch erwartet man im Durchschnitt etwa dreizehn Kästchen ohne Treffer und dieselbe Anzahl mit einem Treffer. Bei unserem Versuch waren es vierzehn und zwölf. Auch die anderen Re

---

3 Der französische Mathematiker Simon-Denis Poisson (1781–1840) entwickelte eine nach ihm benannte Statistik, mit der man unter anderem das Bohnenproblem behandeln kann. Die Formel der Poisson-Verteilung sieht folgendermaßen aus:

$$P(x,m) = \frac{m^x e^{-m}}{x!}$$

Das Ausrufezeichen ist Absicht und kein Druckfehler. «x!» spricht man «x-Fakultät» aus. Leser, die diesen Ausdruck noch nicht kennen, bitten wir um etwas Geduld. Wir werden im Kapitel «Fußball, Zufall, Sensationen» ausführlich erläutern, was dahintersteckt. Der Buchstabe m bezeichnet die mittlere Anzahl Treffer pro Feld. Bei uns ist $m=1$, denn wir haben 36 Treffer und 36 Felder. Wenn wir wissen wollen, wie wahrscheinlich es ist, daß in einem Feld drei Treffer landen, dann müssen wir $x=3$ einsetzen. $P(x=3, m=1)$ ist dann die gesuchte Wahrscheinlichkeit. Sie beträgt 0,061, entsprechend 6,1 Prozent oder etwa 1:16 in der Zockernotierung. Für zehn Treffer liegt sie schon bei 1:9 860 000. Wenn wir uns lediglich dafür interessieren, wie groß die Wahrscheinlichkeit für Felder *ohne* Treffer ist, so vereinfacht sich die Poisson-Verteilung zu der Gleichung: $P(0,m)=e^{-m}$. Für $m=1$ ist dann $P(0,1)=e^{-1}=0,37=37$ Prozent. Dabei ist es erstaunlicherweise egal, ob wir 36 Treffer auf 36 Felder oder 1000 Treffer auf 1000 Felder verteilen. Wichtig ist nur, daß $m=36/36=1000/1000=1$ ist. Für eine Gleichverteilung mit genau einem Treffer in jedem Feld brauchen Sie viel Geduld. Die Wahrscheinlichkeit dafür beträgt $36!/(36^{36})=1:285\,992\,600\,000\,000$.

32

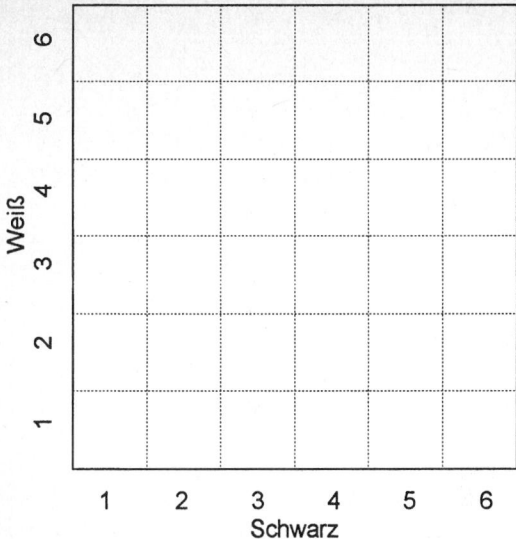

Abbildung 4: Versuchsfeld für Ihr eigenes Szenario. Zeichnen Sie eine Landschaft Ihrer Wahl ein, und würfeln Sie 36mal.

sultate stimmen ganz gut damit überein, aber perfekte Übereinstimmung darf man nicht erwarten, da ja stets der Zufall mit im Spiel ist.

Betrachten wir die Vorhersage nochmals genauer. Der Durchschnittswert nach 36 Würfen ist genau ein Treffer pro Kästchen. Statistisch ist ein vierfach getroffenes Feld in ungefähr jeder zweiten Simulation $(1/0{,}54 = 1{,}85 \approx 2)$, ein Fünffachtreffer in jeder neunten $(1/0{,}11 = 9{,}09 \approx 9)$ zu erwarten.

Würfeln Sie jetzt so lange weiter, bis auch das letzte Kästchen einen Strich bekommen hat. Das ist zwar etwas langwierig, aber man kann dabei einiges an «Gefühl» für Statistik erwerben. Wir benötigten insgesamt 117 Würfe (Abbildung 5), bis das letzte Feld getroffen war. Und da hatten wir noch Glück, denn in 50 Prozent der

Fälle sind dafür mehr als 143 Versuche erforderlich.[4] Das am häufigsten gewürfelte Kästchen erhielt neun Striche. Die Verteilung der Treffer ist alles andere als gleichmäßig.

Tabelle 7: Auswertungstabelle für das Leukämieszenario

Anzahl der Treffer pro Kästchen	Ihr Versuch	Unser Versuch	Statistische Vorhersage[5]	
			Anzahl der Kästchen	Wahrscheinlichkeit
0	—	14	13,2	0,37
1	—	12	13,2	0,37
2	—	6	6,6	0,18
3	—	4	2,2	0,061
4	—	0	0,54	0,015
5	—	0	0,11	0,0031

Mit diesem Versuch läßt sich natürlich nicht beweisen, daß die Leukämiehäufungen in der Umgebung von Krümmel *nicht* auf das Kernkraftwerk zurückzuführen sind. Er zeigt lediglich, daß Häufungen zufällig sein *können*, auch wenn sie den Durchschnittswert um ein Vielfaches übersteigen.

Das oben beschriebene Szenario ist jedoch idealisiert. Jedes

4 Um dies zu berechnen, kommen wir auf die vereinfachte Form der Poisson-Gleichung zurück, die am Ende der Fußnote 3 steht. Die Frage lautet: Für welches m gilt $[1 - P(0,m)]^{36} = 0,5$? Es folgt: $1 - P(0,m) = 0,5^{1/36}$; $P(0,m) = 1 - 0,5^{1/36} = e^{-m}$; $-m = \ln(1 - 0,5^{1/36}) = \ln(0,019) = -3,96$. Daraus folgt m = 3,96, das heißt, alle Kästchen müssen im Mittel 3,96mal getroffen werden, damit mit 50 Prozent Wahrscheinlichkeit jedes Feld mindestens einen Strich erhält. Insgesamt muß dann $36 \times 3,96 \approx 143$mal gewürfelt werden.
5 Die Wahrscheinlichkeit multipliziert mit der Anzahl der Felder (= 36) ergibt die zu erwartende Anzahl der Felder mit null, einem, zwei usw. Treffern.

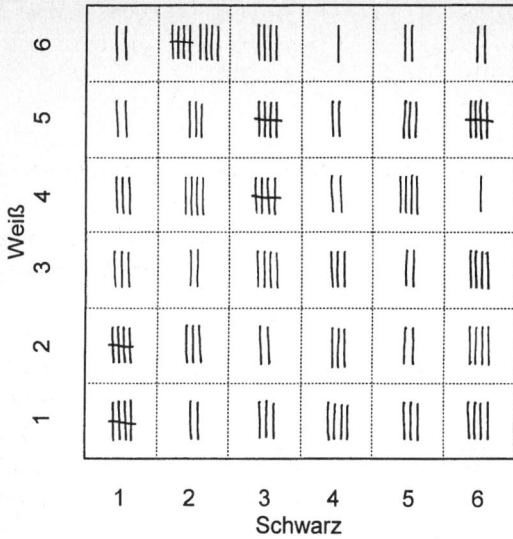

*Abbildung 5: Das Szenario von Abbildung 3, nachdem so lange ge-
würfelt wurde, bis alle Felder mindestens einmal getroffen waren.
In diesem Beispiel waren 117 Würfe erforderlich.*

Kästchen hat genau dieselbe Chance, einen Treffer abzubekom-
men. In der Realität ist das anders. Die Bevölkerung in Deutschland ist ja keineswegs gleichmäßig verteilt. Auf einem Quadratkilometer Großstadt sind dadurch natürlich mehr Leukämiefälle zu
erwarten als auf einem Quadratkilometer Heidelandschaft.

Um der Realität etwas näher zu kommen, haben wir in unserer
Vorlesung mit Hilfe eines Zufallsverfahrens die Adressen von dreißig simulierten «Leukämiefällen» aus dem Hamburger Telefonbuch herausgesucht. Dies entspricht etwa der Anzahl von Leukämien bei Kindern, die in Hamburg innerhalb von drei Jahren auftreten. Für jeden einzelnen «Fall» legten wir zunächst durch Würfeln das jeweilige Telefonbuch (A–K oder L–Z) fest. Dann bestimmten wir mit einem zwölfseitigen und zwei zehnseitigen Wür-

feln die Seitenzahl, mit einem vierseitigen Würfel die Spalte und mit einem Dreißigerwürfel den Abstand der Adresse vom oberen Rand des Telefonbuches. Die auf diese Weise ermittelten «Fälle» wurden auf einem Stadtplan markiert.

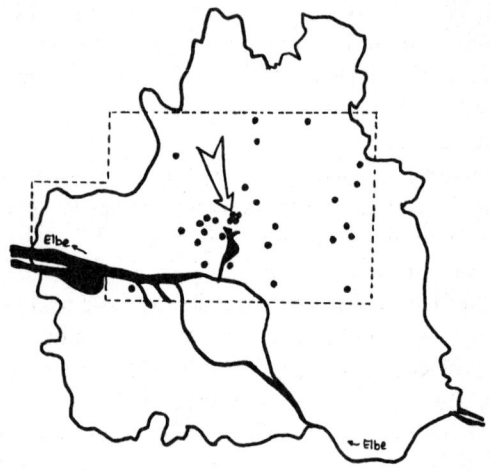

Abbildung 6: Ergebnis der Simulation eines Leukämieszenarios mit Hilfe des Hamburger Telefonbuches und Stadtplans sowie mehrerer Würfel. Die Punkte stellen die dreißig simulierten Fälle dar. Die gestrichelte Linie gibt die Grenze des verwendeten Stadtplans an. Erstellt in unserer Vorlesung im Wintersemester 1995/96.

Das Ergebnis einer derartigen Simulation zeigt Abbildung 6. Im Stadtteil Winterhude gab es eine deutliche Häufung der «Leukämiefälle». Dort wurden vier Erkrankungen im Umkreis von nur achthundert Metern beobachtet (Pfeil). Versuchen Sie sich vorzustellen, welche Reaktionen Sie ernten würden, wenn Sie auf einer Veranstaltung einer Bürgerinitiative von Eltern leukämiekranker

Kinder behaupteten, es handle sich möglicherweise um eine zufällige Häufung. Wahrscheinlich und verständlicherweise würde man Sie als menschenverachtenden Zyniker beschimpfen.

Wie bereits angedeutet, entstehen die Häufungen in diesem Versuch nicht nur *zufällig*, sondern auch *systematisch*, denn die Telefonanschlüsse sind nicht gleichmäßig über das Stadtgebiet verteilt. Bei der Interpretation von Häufungen müssen daher unbedingt die Bevölkerungs- und, wenn es um speziell im Kindesalter auftretende Erkrankungen geht, die Kinderdichte in den verglichenen Gebieten berücksichtigt werden.

Bei unserem Versuch haben wir nur *ein* bestimmtes zeitliches Fenster von drei Jahren ausgewählt. Ein «Wissenschaftler», der gern in die Medien kommen und den Journalisten dafür eine Schlagzeile liefern möchte, kann den Zeitraum auch nachträglich festlegen. Dies entspricht der Möglichkeit, den oben geschilderten Versuch mehrfach zu wiederholen und dann das passendste Ergebnis auszusuchen. Auch können verschiedene Städte, Industriestandorte usw. betrachtet werden. Dies führt mit Sicherheit zu einer aufsehenerregenden Meldung. Wenn nicht in Hamburg, dann in München oder Gorleben oder anderswo. Weshalb das mit Sicherheit funktioniert, erfahren Sie im Kapitel «Mit der Schrotflinte in den Porzellanladen». Wir haben den Stadtplan- und den zuvor beschriebenen 6×6-Versuch schon oft mit Studenten in der Vorlesung durchgeführt und sind noch nie in Verlegenheit geraten. Es gab immer «ungewöhnliche» Häufungen, und einen «Verursacher» haben wir auch jedesmal gefunden.

Dieses Herauspicken von Häufungen wird von Statistikern die Methode des texanischen Scharfschützen genannt [3]: Ohne lange zu zielen, schießt er auf ein riesiges Scheunentor, zeichnet nachträglich eine Zielscheibe um das Einschußloch und freut sich über seinen perfekten Treffer. Ein wirklicher Meisterschütze ist natürlich nur jemand, der ein *vorher* angegebenes Ziel zu einem *vorher* festgesetzten Zeitpunkt trifft.

Abbildung 7: Der texanische Scharfschütze schießt auf ein Tor, malt um das Einschußloch eine Zielscheibe und freut sich über den Volltreffer.

Das geht auf keine Kuhhaut
Creutzfeldt-Jakob-Krankheit und Rinderwahnsinn (BSE)

Eine ebenfalls sehr seltene Erkrankung ist das Creutzfeldt-Jakob-Syndrom. Er ist jüngst ins öffentliche Interesse gerückt, weil nicht ausgeschlossen werden kann, daß es durch Rindfleisch hervorgerufen wird, das mit dem Erreger der BSE (bovine spongiforme Enzephalopathie), Rinderwahnsinn genannt, infiziert ist. Erstmals beschrieben wurde die Creutzfeldt-Jakob-Krankheit 1921. Als Erreger gelten noch nicht identifizierte infektiöse Partikel, möglicherweise Prionen, die durch Wundkontakt mit infiziertem Blut übertragen werden. Die Inkubationszeit beträgt sechs Monate bis drei Jahre. Der Krankheitsverlauf ist durch einen rasch zunehmenden geistigen Verfall und Krampfanfälle charakterisiert (Pschyrembel, 1993).

Auch vor der BSE-Epidemie erkrankten von einer Million Menschen jährlich einer bis zwei am Creutzfeld-Jakob-Syndrom [4]. Wenn in einem Ort mit fünfzigtausend Einwohnern ein einziger Fall auftritt, dann ist dies bereits eine dreizehnfache Überhöhung gegenüber dem Durchschnitt. Kommt es in einem Altersheim mit zweihundert Bewohnern zu einer Erkrankung, dann erreicht der Wert sogar das Dreitausendfache des statistischen Mittels. Da die Krankheit zwangsläufig irgendwo auftritt, kann man bei jedem einzelnen Fall eine ungeheure Überhöhung des Risikos in der entsprechenden Gegend «finden», wie wir dies weiter oben anhand der Industrielandschaft gezeigt haben. Eine Verbindung zum Verzehr von Rinderprodukten, womöglich auch noch aus Großbritannien, läßt sich sicherlich immer herstellen. Falls nicht, reicht es meistens aus, daß ein Zusammenhang nicht ausgeschlossen werden kann.

Bis Juni 1996 wurden in Großbritannien 161 412 Fälle von Rinderwahnsinn beobachtet. Die vorliegenden epidemiologischen Daten (Anderson et al. 1996) sprechen für die Hypothese, daß sich BSE-kranke Rinder durch Tierfutter angesteckt haben, das aus Scrapie-infizierten Schafen hergestellt wurde. Bei Schafen ist Scrapie, wie BSE eine Infektion, die immer tödlich verläuft, schon seit dem 18. Jahrhundert bekannt. Zunächst leiden die Tiere unter Bewegungsschwierigkeiten und später an starken Verhaltensstörungen. Die Inkubationszeit beträgt mehrere Jahre. Wir fragen uns, weshalb die Ansteckungsgefahr für Menschen, falls sie besteht, ausschließlich von Rindern ausgehen soll. Warum muß die Infektion vom Schaf zum Menschen einen Umweg über das Rind nehmen (Abbildung 8)? Infiziertes Schaffleisch müßte doch eigentlich mindestens ebenso gefährlich sein. Die öffentliche Diskussion und die Handelsbeschränkungen der Europäischen Union beziehen sich aber nur auf Rinderprodukte. Über eine mögliche Gefährdung durch Schaffleisch wurde offiziell bisher offenbar noch nicht nachgedacht.[6]

6 In der Zeitschrift *Nature* erschien am 17. Juli 1997 ein Artikel, in dem

Abbildung 8: Warum gehen eigentlich alle davon aus, daß die Übertragung von Scrapie auf den Menschen nur mit dem Umweg über die Rinder (BSE) möglich ist?

Seinen bisherigen Höhepunkt in der öffentlichen Aufmerksamkeit erreichte der Rinderwahnsinn im März 1996, als eine Kommission des britischen Landwirtschaftsministeriums der Regierung erklärte, BSE sei die angeblich wahrscheinlichste Ursache für das Auftreten einer neuen Variante der Creutzfeldt-Jakob-Krankheit. Diese Aussage basiert auf einer Untersuchung des «National Creutzfeldt-Jakob-Disease Surveillance Unit» in Edinburgh in Kooperation mit verschiedenen europäischen Zentren, die im international angesehenen Fachblatt *The Lancet* erschienen ist (Will et al. 1996). In der Arbeit wird berichtet, daß seit Einführung der Meldepflicht für Creutzfeldt-Jakob-Erkrankungen im Mai 1990 bis März 1996 in Großbritannien insgesamt etwa 300 Fälle aufgetre-

die potentielle Übertragbarkeit von BSE und Scrapie auf den Menschen molekularbiologisch untersucht wird (Raymond et al. 1997). Die Autoren folgern aus ihren Ergebnissen, daß sie bei beiden Erkrankungen annähernd gleich gering ist.

ten sind[7], von denen 207 neuropathologisch untersucht wurden. Zehn dieser Patienten wiesen besondere neuropathologische Merkmale[8] auf, und von ihnen waren neun darüber hinaus sehr jung, was untypisch für die Creutzfeldt-Jakob-Krankheit ist. Die Arbeit schließt mit der Feststellung, daß die Befunde auf eine neue Variante der Krankheit hinweisen, die ausschließlich in Großbritannien auftritt. Hieraus ergebe sich die Möglichkeit, daß sie durch BSE verursacht werde[9].

Weniger Beachtung in der Presse fanden einige Details der Studie, die diese Schlußfolgerung erheblich relativieren.

1. Unter normalen Umständen wäre keiner dieser zehn Fälle als Creutzfeldt-Jakob-Erkrankung registriert worden, denn ihr klinischer Verlauf war für das Syndrom völlig untypisch. In der Studie wird darauf hingewiesen, daß die Entdeckung dieser Fälle möglicherweise im Zusammenhang mit der erhöhten Aufmerksamkeit der britischen Öffentlichkeit stehe. Drei Fälle seien erst nach der Entnahme von Gewebsproben gemeldet und zwei gar aufgrund von Zeitungsmeldungen ausfindig gemacht worden.

2. Die Autoren weisen darauf hin, daß Creutzfeldt-Jakob auch früher schon bei jungen Menschen nachgewiesen worden sei – es gebe

---

7 Großbritannien hat etwa 60 Millionen Einwohner. Der Beobachtungszeitraum umfaßt etwa sechs Jahre. Aus den 300 Fällen ergibt sich eine Inzidenz für die Creutzfeldt-Jakob-Krankheit von acht Fällen pro zehn Millionen Einwohner und Jahr. Die Inzidenz bewegt sich somit, zumindest bislang, im üblichen Rahmen.

8 Die Autoren schreiben, daß ähnliche neuropathologische Befunde noch nie bei Creutzfeldt-Jakob-Erkrankungen beobachtet und bislang lediglich bei Scrapie beschrieben worden seien. («*This unusual feature was not seen in any of the other 175 sporadic CJD cases investigated. Similar lesions have, however, been described in scrapie, where they have been referred to as ‹florid› plaques.*») Dennoch ist Scrapie als möglicher Verursacher nicht im Rennen – nur BSE.

9 «*These cases appear to represent a new variant of CJD, which may be unique to the UK. This raises the possibility that they are causally linked to BSE.*»

sogar eine Fallbeschreibung von einem vierzehnjährigen Mädchen. Zwar versuchen sie den Eindruck zu vermitteln, daß die Krankheit bei jungen Menschen in Großbritannien gegenwärtig besonders häufig vorkomme, statistisch überzeugend sind diese Argumente jedoch nicht. Wir werden darauf im folgenden Kapitel zurückkommen, wenn wir uns das notwendige Werkzeug für die Beurteilung derartiger Daten angeeignet haben.

Zum Schluß sei angemerkt, daß BSE bei Rindern möglicherweise gar nicht neu ist. Bereits im Jahre 1883 beschrieb der französische Tierarzt M. Sarradet in einer Fachzeitschrift einen Fall von Scrapie bei einem Ochsen [5].

Ein Unglück kommt selten allein
Zeitliche Häufungen

Die Beispiele mit den Kaffeebohnen und den Leukämiefällen illustrieren die Problematik zufälliger *räumlicher* Häufungen. Im folgenden wollen wir die Problematik *zeitlicher* Häufungen mit einer kleinen praktischen Übung veranschaulichen. In Abbildung 9 sehen Sie einhundert kleine Quadrate in einer Schlangenlinie. Sie stellt die zeitliche Abfolge von Ereignissen dar. Beginnen Sie links oben und werfen Sie, während Sie der Linie folgen, bei jedem Kästchen einmal eine Münze. Das erste Kästchen steht für das erste Ereignis, das letzte Kästchen für das letzte. Bei Kopf tragen Sie ein Kreuz ein, bei Zahl einen Kreis. Schneller geht es mit einem Würfel. An die Stelle von Kopf oder Zahl treten dann gerade und ungerade Zahlen.

Die Wahrscheinlichkeit, Kopf zu werfen, beträgt 0,5 oder 50 Prozent. Die Wahrscheinlichkeit, daß zweimal hintereinander Kopf fällt, beträgt $0,5 \times 0,5 = 0,25$ oder 25 Prozent. Die Wahrscheinlichkeit, fünfmal hintereinander Kopf zu werfen, beträgt $0,5 \times 0,5 \times 0,5 \times 0,5 \times 0,5 = 0,5^5 = 0,03125$ oder etwa 3 Prozent. Je länger eine Kopfserie ist, desto unwahrscheinlicher ist sie also. Dieselben Überlegungen gelten natürlich auch für «Zahl».

Nachdem alle Kästchen aufgefüllt sind, suchen Sie nach zeitlichen Häufungen. Ununterbrochene Folgen von fünf oder mehr Kreuzen beziehungsweise Kreisen sind statistisch gesehen auffällige Überhöhungen. Markieren Sie sie.

Sie werden feststellen, daß sich eine oder sogar mehrere Überhöhungen ergeben haben; daß Sie keine bekommen, ist nicht ausgeschlossen, aber selten. Dies liegt daran, daß Sie insgesamt einhundertmal gewürfelt und nachträglich Häufungen gezählt haben. Unsere im vorletzten Absatz angestellte Berechnung gilt nämlich nur, wenn wir 1. *vor* dem ersten Münzwurf festlegen, ob wir Kopf oder Zahl sammeln wollen, und 2. *auf Anhieb* eine ununterbrochene Folge zustande bringen.

Diese relativ einfache Überlegung bleibt zum Beispiel in der medizinischen Forschung gar nicht so selten unberücksichtigt. Oftmals werden klinische Studien durch das gehäufte Auftreten seltener Ereignisse initiiert. Gelingt es etwa einem Ärzteteam, eine nur

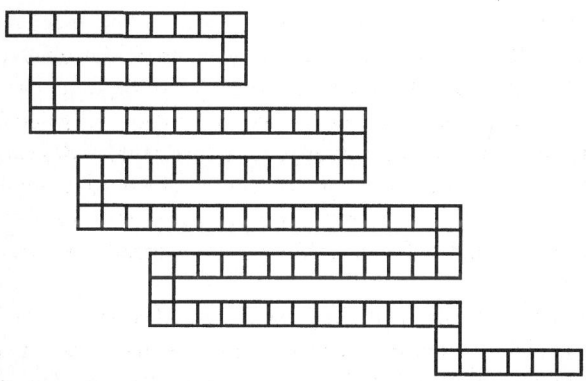

Abbildung 9: Versuchsfeld für die Simulation zeitlicher Häufungen

extrem selten zu heilende Krankheit in einem relativ kurzen Zeitraum mehrfach erfolgreich zu behandeln, oder treten seltene Nebenwirkungen zeitlich gehäuft auf [6], so führt dies oft zu rückwirkenden Untersuchungen mit anschließender Veröffentlichung. Der dabei retrospektiv einbezogene Zeitraum ist willkürlich und häufig, bewußt oder unbewußt, dem gewünschten Ergebnis angepaßt. Die richtige Vorgehensweise wäre es, den zu erfassenden Zeitraum vorher festzulegen. Die Ergebnisse solcher retrospektiven Studien erfordern vom wissenschaftlichen Standpunkt aus eine Wiederholung.

Im Alltag geht es uns ähnlich. Bei einer Häufung von platten Reifen am Fahrrad denken wir auch eher über die Ursache nach, als uns mit der statistischen Erklärung zu trösten, die dann einfach lautet: «Pech gehabt».

Unsere Beispiele zeigen, daß nicht jede unwahrscheinliche Häufung von Ereignissen statistisch bedeutsam ist. Ob eine Überhöhung relevant ist, hängt auch von der Anzahl der durchgeführten Tests ab. So beträgt beispielsweise die Wahrscheinlichkeit, beim Lotto sechs Richtige zu tippen, 1 zu 13 983 816 und ist somit äußerst gering. Wenn das Glück aber entsprechend extrem häufig herausgefordert wird, kann man sich fast darauf verlassen, daß jede Woche jemand gewinnt. Die Wahrscheinlichkeit, daß unter 40 Millionen Tips mindestens ein Sechser vorkommt, ist größer als 94 Prozent.

Zufall oder Zustand
Fehler erster Art

Gepriesen sei der Zufall,
er ist wenigstens nicht ungerecht.
Ludwig Marcuse

Im letzten Kapitel haben wir erfahren, wie wichtig und wie schwierig es ist, eine zufällige Häufung von einer gesetzmäßigen zu unterscheiden. Diese Unterscheidung ist ein grundsätzliches Problem der Wissenschaft, spielt aber auch in anderen Bereichen eine wichtige Rolle, zum Beispiel bei Qualitätskontrollen in der Produktion oder bei der Beurteilung von Sportereignissen. In diesem Kapitel wollen wir Ihnen zeigen, wie Sie zufällige von gesetzmäßigen Häufungen unterscheiden können.

Mehr oder weniger Alkohol am Steuer
Was heißt «statistisch signifikant»?

Betrachten wir ein ausgedachtes Beispiel: Bei einer Verkehrskontrolle überprüft die Polizei in der Nacht zum Sonntag in einer deutschen Großstadt 600 Autofahrer. 84 müssen ins Röhrchen pusten und neun von ihnen zur Blutprobe. Sie haben über 0,8 Promille. Insgesamt haben also $9/600 = 0,015 = 0,015 \times 100$ Prozent $= 1,5$ Prozent der Autofahrer zu tief ins Glas geschaut. Nach einer aufwendigen Aufklärungskampagne stehen zwei Monate später bei einer erneuten Kontrolle im selben Stadtteil unter 400 kontrollierten Autofahrern nur noch zwei, das heißt 0,5 Prozent, unter Alkoholeinfluß. Diese Verringerung um den Faktor drei ($1,5/0,5 = 3$) wird als großer Erfolg gefeiert. – Nur zwei Statistiker stören den Frieden und weisen darauf hin, daß das Ergebnis mit einer beträchtlichen Wahrscheinlichkeit von 13 Prozent auch rein zufällig zustande gekommen sein könnte. Damit fällt die Annahme, die zweite Kontrolle habe zu einem besseren Ergebnis geführt als die erste, wie ein Kartenhaus in sich zusammen. Bei den Kontrollen ist ganz einfach der Zufall ins Spiel gekommen. Hätte die Großrazzia eine Stunde früher oder später begonnen, dann wären andere 400 Fahrzeuge kontrolliert worden. Und wenn zum Beispiel immer genau 1 Prozent *aller* Autofahrer in der Nacht zum Sonntag alkoholisiert ist, wird niemand erwarten, daß auch immer genau einer von 100 kontrollierten Fahrern zuviel getankt hat. Es können durchaus mal zwei oder mal keiner von 100 sein.

Eine heilige Kuh
Die Bedeutung der Signifikanz

Im allgemeinen werden die Ergebnisse zweier Alkoholkontrollen schon aufgrund zufälliger Schwankungen unterschiedlich ausfallen. Je größer jedoch ein solcher Unterschied ist, desto unwahrscheinlicher wird es, daß er auf Zufall beruht, und desto wahrscheinlicher, daß die Ergebnisse zweier Kontrollen tatsächlich divergieren. Die Wahrscheinlichkeit für «Zufall» oder «Tatsache» kann für unser Beispiel mit dem sogenannten Vierfeldertest berechnet werden, den wir im folgenden Abschnitt vorstellen. In der wissenschaftlichen Literatur gilt ein Ergebnis im allgemeinen genau dann als «signifikant», wenn die Wahrscheinlichkeit, daß es sich um einen Zufallsbefund handelt, höchstens 5 Prozent beträgt, was mit dem Ausdruck «$p \leq 0{,}05$» angegeben wird. Dieses Fünfprozentniveau hat keinen tieferen Sinn. Es ist eine willkürlich festgelegte, aber allgemein und international akzeptierte Konvention.

In den letzten Jahrzehnten hat die «statistische Signifikanz» eine herausragende Rolle in der Wissenschaft bekommen und sich zur heiligen Kuh entwickelt. So ist das Hauptkriterium für die Annahme eines Manuskripts zur Veröffentlichung in einer Fachzeitschrift in sehr vielen Disziplinen ein «signifikantes» Ergebnis, was eine wahre Jagd nach Signifikanzen ausgelöst hat. In zahlreichen Disziplinen ist es daher praktisch unmöglich, Forschung zu betreiben, ohne sich mit statistischer Signifikanz auseinanderzusetzen. Allerdings können auch Ergebnisse, die diese Bedingung erfüllen, falsch sein. Die Toleranz dafür wird aber auf 5 Prozent begrenzt, das heißt, ein fünfprozentiges Risiko für falsche Ergebnisse gilt als akzeptabel. Diesen möglichen Irrtum bezeichnet man als den Fehler erster Art. Er entspricht dem Irrtum eines automatischen Feuermelders, der Alarm schlägt, obwohl es nicht brennt.

Die große Bedeutung, die signifikante Ergebnisse und damit die Signifikanztests durch diese Veröffentlichungspolitik gewonnen haben, verstellt zum Teil den Blick auf andere wichtige Aspekte, zum Beispiel, ob das statistisch signifikante Ergebnis überhaupt irgendeine Frage von Relevanz beantwortet. Die forcierte Signifikanzjagd bildet darüber hinaus die Grundlage völlig neuartiger Irrtümer, von denen wir in den späteren Kapiteln noch ausführlich berichten werden.

Quadratisch, praktisch, gut
Der einfache und nützliche Vierfeldertest

Mit dem Vierfeldertest können Ergebnisse schnell und einfach auf Signifikanz überprüft werden. Wir möchten Sie daher ermutigen, die Berechnungen in diesem Abschnitt nachzuvollziehen. Sollte es Ihnen jedoch zu mathematisch werden, dann lassen Sie diesen und die folgenden Abschnitte bis zum Ende des Kapitels einfach aus. Zum Verständnis der weiteren Darstellung ist der Vierfeldertest zwar sehr nützlich, aber nicht unbedingt notwendig.

Mit einem Signifikanztest können wir abschätzen, ob ein beobachteter Unterschied zufällig ist oder auf einer Gesetzmäßigkeit beruht. Dies ist zwar recht salopp ausgedrückt, soll aber erst einmal als Annäherung genügen. Später werden wir noch eine genauere Definition vorstellen. Ein oft auftretendes Problem ist der Vergleich von Häufigkeiten, wie sie im obigen Beispiel genannt wurden. Sind 0,5 Prozent alkoholisierte Autofahrer tatsächlich weniger als 1,5 Prozent, oder handelt es sich um zufällige Schwankungen? Der dazugehörige Signifikanztest ist sehr einfach, nicht hingegen die Begründung, weshalb der Test so geht und nicht anders. Deshalb ersparen wir sie Ihnen und uns und verweisen auf Lehrbücher der Statistik. Den Test führen wir als Kochrezept vor und benutzen dazu das Beispiel der alkoholisierten Autofahrer aus dem letzten Abschnitt. Hierfür erstellen wir zunächst folgende Tabelle:

Tabelle 8: Vierfeldertest für die Alkoholkontrolle

	Alkoholisiert	Nüchtern	Summe
Erste Kontrolle	9	591	600
Zweite Kontrolle	2	398	400
Summe	11	989	1000

Insgesamt gab es bei den beiden Kontrollen elf alkoholisierte Autofahrer, bei der ersten Kontrolle neun und bei der zweiten zwei. Da bei der ersten Kontrolle 600 und bei der zweiten 400 Autofahrer untersucht wurden, waren von den 1000 insgesamt kontrollierten Autofahrern 989 nüchtern.

Die allgemeine Version des Vierfeldertests zeigt Tabelle 9.

Tabelle 9: Schema des Vierfeldertests

	Erfolg	Mißerfolg	
Probe A	E_A	M_A	$E_A + M_A = N_A$
Probe B	E_B	M_B	$E_B + M_B = N_B$
	$E_A + E_B$	$M_A + M_B$	$E_A + E_B + M_A + M_B = N$

Die Gesamtzahl der in den Proben A und B enthaltenen «Fälle» ist

$$N = E_A + E_B + M_A + M_B$$

Zunächst muß eine Prüfgröße nach der Formel

$$\text{Prüfgröße} = \frac{(N-1) \times (E_A \times M_B - E_B \times M_A)^2}{(E_A + E_B) \times (M_A + M_B) \times (E_A + M_A) \times (E_B + M_B)}$$

berechnet werden. Diese Formel darf nur angewandt werden, wenn in beiden Proben (zum Beispiel Patientengruppen) jeweils mindestens sechs Fälle enthalten sind, also $N_A \geq 6$ und $N_B \geq 6$ (Sachs 1978).

Der Name «Vierfeldertest» bezieht sich auf die vier Felder, in denen die Ergebnisse E_A, E_B, M_A und M_B eingetragen sind, in unserem Beispiel die 9, die 2, die 591 und die 398. Als nächstes werden die Zahlen aus der Tabelle in die Formel für den Vierfeldertest eingesetzt, der in Tabelle 9 schematisch dargestellt ist:

$$\text{Prüfgröße} = \frac{(1000-1) \times (9 \times 398 - 2 \times 591)^2}{11 \times 989 \times 600 \times 400}$$

Über dem Bruchstrich trägt man zunächst die Gesamtzahl der kontrollierten Autos (im Beispiel die 1000) minus eins ein. Das nächste Glied entsteht aus den einzelnen Zahlen der «vier Felder», die kreuzweise multipliziert, anschließend voneinander subtrahiert und dann noch als Ganzes quadriert werden. Im Nenner stehen einfach die am Rand der vier Felder vermerkten Summen aller Autofahrer, die alkoholisiert (11) oder nüchtern (989) waren beziehungsweise zur ersten oder zweiten Kontrolle gehörten (600 und 400). Weiterrechnen ergibt:

$$\text{Prüfgröße} = \frac{999 \times (3582 - 1182)^2}{2610960000} = \frac{999 \times 5760000}{2610960000} = 2{,}20$$

Jetzt brauchen wir nur noch festzustellen, ob die Prüfgröße größer oder gleich 3,84 ist, denn genau dann ist das Ergebnis «statistisch signifikant». Das liest sich wie Voodoozauber, aber diese krumme Zahl ist in der Statistik gut begründet. Da die Prüfgröße in unserem Beispiel 2,20 beträgt, ist das Ergebnis nicht signifikant. Die folgende Tabelle zeigt, daß die Wahrscheinlichkeit für ein Zufallsergebnis über 10 Prozent liegt. Genauer geht es mit der Formel, der Tabelle oder der Grafik im Anhang IV. Die beiden Ergebnisse der Verkehrskontrollen sind demnach mit einer Wahrscheinlichkeit von etwa 13 Prozent nur zufällig verschieden.

Tabelle 10: Schranken für die Prüfgröße unterschiedlicher Signifikanzniveaus

Prüfgröße	Wahrscheinlichkeit für Zufallsergebnis
2,71	10,0 %
3,84	5,0 %
6,64	1,0 %
10,83	0,1 %

Neue Besen kehren gut! – Oder?
Ein Beispiel für den Vierfeldertest aus der Medizin

Betrachten wir jetzt ein Beispiel aus der Medizin. Ein Ärzteteam hat eine neue Behandlungsmethode für eine bestimmte Erkrankung entwickelt, wendet sie bei dreißig Patienten an und vergleicht den Erfolg mit dem einer Standardtherapie. Mit der konventionellen Behandlung wurden elf von dreißig Patienten (37 Prozent) geheilt, mit der neuen Methode immerhin neunzehn von dreißig (63 Prozent). Kann dieses Ergebnis zufällig zustande gekommen sein, obwohl eigentlich beide Therapien gleich gut sind? Oder ist die neue Behandlungsmethode wirklich besser? Es steht zur Entscheidung, mit welcher Methode in Zukunft weitergearbeitet werden soll. Dabei hilft wieder der Vierfeldertest, der es ermöglicht, die beiden Fälle objektiv zu vergleichen und eine vernünftige Entscheidung herbeizuführen.

Tabelle 11: Vierfeldertest bei der Entwicklung eines neuen Medikaments

	Erfolg	Mißerfolg	
Standardbehandlung	11	19	30
Neue Behandlung	19	11	30
Summe	30	30	60

$$\text{Prüfgröße} = \frac{(60-1) \times (11 \times 11 - 19 \times 19)^2}{30 \times 30 \times 30 \times 30} = \frac{59 \times 57600}{810000} = \frac{3398400}{810000} = 4{,}20$$

Da das Ergebnis größer als 3,84 ist, sind die beiden Behandlungen statistisch signifikant verschieden. Tabelle 10 zeigt, daß die Wahrscheinlichkeit für einen Fehler erster Art zwischen 1 und 5 Prozent beträgt. Der Grafik im Anhang IV (Abbildung 42) entnehmen wir, daß der Prüfgröße 4,2 ein Wahrscheinlichkeitswert von 0,04=4 Prozent entspricht. Dies ist die Wahrscheinlichkeit für ein zufällig unterschiedliches Ergebnis. Mit dieser Information sind wir zwar schon ein Stück weiter, aber ob die neue Therapie *wirklich* besser ist, wissen wir damit noch nicht. Diese Ungewißheit taucht in wissenschaftlichen Untersuchungen aller Art auf. Um mit ihr leben zu können, gibt es, wie erwähnt, unter Wissenschaftlern eine Vereinbarung, die besagt, daß ein Ergebnis als «statistisch signifikant» bezeichnet wird, wenn die Wahrscheinlichkeit für einen Zufallsbefund kleiner oder gleich 5 Prozent ist. Da in unserem obigen Beispiel die Wahrscheinlichkeit für einen Zufallsbefund weniger als 5 Prozent beträgt, handelt es sich nach dieser üblichen Auffassung um ein signifikantes Ergebnis.

Eine neue Variante der Creutzfeldt-Jakob-Krankheit?
Ein hochaktuelles Beispiel für den Vierfeldertest

Im vorigen Kapitel hatten wir darüber berichtet, daß die Sorge über die mögliche Übertragbarkeit von Rinderwahnsinn auf den Menschen vor allem auf einer Studie basiert, die zeigt, daß es möglicherweise eine neue Variante der Creutzfeldt-Jakob-Krankheit gibt, die im Gegensatz zur herkömmlichen vor allem junge Menschen befällt.

Nach neuesten Berichten der Göttinger Arbeitsgruppe (Ende August 1996; siehe Anmerkung 7), die für die epidemiologischen Untersuchungen der Creutzfeldt-Jakob-Krankheit in der Bundesrepublik zuständig sind, wurden in Deutschland in den letzten drei Jahren 361 Verdachtsfälle prospektiv erfaßt. Unter den 81 sicheren Fällen fand sich einer unter vierzig Jahren. In Großbritannien waren 9 von 207 Erkrankten jünger als vierzig..

Tabelle 12: Vergleich der Creutzfeldt-Jakob-Erkrankungen in Deutschland und Großbritannien

	Unter 40	Ab 40	Summe
Großbritannien	9	198	207
Deutschland	1	80	81
Summe	10	278	288

Einsetzen in die Formel für den Vierfeldertest ergibt:

$$\text{Prüfgröße} = \frac{287 \times (9 \times 80 - 1 \times 198)^2}{10 \times 278 \times 81 \times 207} = 1{,}68$$

Da das Ergebnis deutlich unter 3,84 liegt, ist der Unterschied bei weitem nicht statistisch signifikant (p = 0,2; siehe auch Anmerkung 8). Von einer auffälligen Häufung der Creutzfeld-Jakob-Erkrankungen in Großbritannien bei unter Vierzigjährigen kann somit nicht die Rede sein.

Mit der Schrotflinte in den Porzellanladen
Mehrfachtests

In diesem Kapitel werden Sie erfahren, wie man zu belanglosen «statistisch signifikanten» Zufallsergebnissen kommt, wie eine Unzahl von Zufallstreffern die Wissenschaft bis zum Absaufen verwässert und was man dagegen unternehmen kann.

Die unerträgliche Leichtigkeit der Signifikanz
Das Prinzip von Mehrfachtests

Die Freude am Erfolg der im letzten Kapitel geschilderten Anti-Alkohol-am-Steuer-Kampagne währt nicht lange. Die Aussage der beiden Wissenschaftler, die nachgewiesen haben, daß das Ergebnis statistisch nicht signifikant ist, bekommt ein relativ großes Presseecho, da der für die Aktion verantwortliche amtierende Verkehrsdezernent ohnehin schon wegen verschiedener Skandälchen im Kreuzfeuer der Kritik steht. Es folgen unangenehme Pressemeldungen, der Sinn der Kampagne wird in Frage gestellt. Eine neue Untersuchung soll Klarheit schaffen und den Erfolg überprüfen.

Daraufhin werden aber nicht wieder nur einmalige Kontrollen durchgeführt, sondern wöchentlich jeweils 500 Autofahrer überprüft. Bei der ersten Kontrolle gehen der Polizei fünf alkoholisierte Fahrer ins Netz, bei der zweiten drei, bei der dritten sieben, dann vier, dann ist es endlich mal nur einer. So, den nehmen wir! Weg mit den anderen! Pressemitteilung: «Bei der letzten Verkehrskontrolle war nur einer von 500 Autofahrern (0,2 Prozent) alkoholisiert. Dies ist ein statistisch signifikant[1] geringerer Anteil an Alkoholsündern als vor drei Monaten, als es noch neun von 600 waren (1,5 Prozent).» Die nörgelnden Statistiker sind ausgetrickst. Kein Zweifel an der Signifikanz des Ergebnisses! Die Irrtumswahrscheinlichkeit beträgt nur 2,3 Prozent. Aber die Vorgehensweise stinkt zum Himmel. Es ist offensichtlich unfair, so lange zu kontrollieren, bis es zufällig zu einem genehmen Ergebnis kommt, das sich pressewirksam einsetzen läßt.

Man kann mit sehr einfachen Mitteln dafür sorgen, daß bei einer Untersuchung *immer* irgend etwas statistisch Signifikantes herauskommt. Legen Sie bitte für ein erklärendes Experiment acht Würfel bereit. Sie beginnen mit nur einem Würfel. Für jede Sechs wird in der ersten Zeile von Tabelle 13 ein Kreuz eingezeichnet, andernfalls ein Kreis. Nach zehn Würfen zählen Sie die Kreuze zusammen und schreiben das Ergebnis in die rechte Spalte.

Jetzt wiederholen Sie das Spiel mit zwei Würfeln. In der *zweiten* Zeile tragen Sie *ein* Kreuz ein, wenn *mindestens* eine Sechs gefallen ist. Auch bei zwei Sechsen notieren Sie nur ein Kreuz. Erzielen Sie mit keinem der beiden Würfel eine Sechs, kommt wieder ein Kreis ins Kästchen. Nach zehn Würfen mit beiden Würfeln zählen Sie wieder die Kreuze zusammen und tragen das Ergebnis in die rechte Spalte ein. Das Ganze wiederholen Sie noch mit vier und mit acht Würfeln.

Je mehr Würfel wir verwenden, um so wahrscheinlicher ist es, daß mindestens eine Sechs fällt. Das wird wohl kaum jemanden überrascht haben. Mit dieser wirklich nicht neuen Erkenntnis werden Sie nun zu einem Glücksspiel eingeladen, bei dem Sie mit jeder geworfenen Sechs 100 Mark gewinnen. Die Glücksfee stellt Sie vor die Wahl, ob Sie mit einem, zwei, vier oder acht Würfeln spielen

1 Mit dem Vierfeldertest erhalten wir eine Prüfgröße von 5,11 für den Vergleich von «1 von 500» mit «9 von 600». Das Ergebnis ist also statistisch signifikant. Aus der Grafik im Anhang IV entnehmen wir, daß der Prüfgröße 5,11 ein Wahrscheinlichkeitswert von etwa 0,023 = 2,3 Prozent entspricht. Dies ist die Wahrscheinlichkeit dafür, daß die eine Fahrzeugkontrolle zufällig unterschiedlich ausgefallen ist.

Tabelle 13: Spiel mit unterschiedlicher Anzahl von Würfeln. In die Kästchen wird ein Kreuz eingetragen, wenn mindestens eine Sechs gewürfelt wurde.

	Kreuz oder Kreis:	Anzahl der Kreuze
Ein Würfel:	☐☐☐☐☐☐☐☐☐☐	☐
Zwei Würfel:	☐☐☐☐☐☐☐☐☐☐	☐
Vier Würfel:	☐☐☐☐☐☐☐☐☐☐	☐
Acht Würfel:	☐☐☐☐☐☐☐☐☐☐	☐

möchten. Bei acht Würfeln gehört Ihnen der Hunderter mit 77, bei einem Würfel nur mit 17 Prozent Sicherheit.[2] Dumme Frage, was Sie wohl tun werden. Dieses Spiel ist so banal, daß es noch nicht mal das Fernsehen bringt.

Es ist aber nicht zu banal für die Forschung. Das allgemein akzeptierte Signifikanzniveau von 5 Prozent verleiht der Wissenschaft Glücksspielcharakter, denn damit wird hingenommen, daß ein Ergebnis mit einer Wahrscheinlichkeit von 5 Prozent auf Zufall beruht. Daher ist etwa jedes zwanzigste Ergebnis ($1/20 = 0,05 = 5$ Prozent) zufällig zustande gekommen. In der Forschung wird im Prinzip mit einem zwanzigseitigen Würfel gespielt. (Diese sind übrigens in jedem guten Spielwarengeschäft erhältlich.) Jeder gewor-

2 Die Wahrscheinlichkeit, mit einem Würfel eine Sechs zu würfeln, ist $1/6$, also rund 17 Prozent. Die Wahrscheinlichkeit, mit einem Würfel *keine* Sechs zu würfeln, beträgt $5/6$, und mit *zwei* Würfeln *keine* Sechs zu würfeln, $5/6 \times 5/6 = 25/36 =$ etwa 69 Prozent. Das heißt, in 69 Prozent der Würfe hat man keinen und in 31 Prozent einen oder mehrere Sechser. Die Wahrscheinlichkeit für mindestens eine Sechs mit vier Würfeln beträgt 52 und mit acht 77 Prozent. Wir können also für unsere Tabelle folgende durchschnittliche Anzahl von Kreuzen erwarten: bei einem Würfel 1,7, bei zwei 3,1, bei vier 5,2 und bei acht 7,7.

fenen 20 entspricht eine wissenschaftliche Veröffentlichung, deren Ergebnisse Zufallsprodukte sind. Und es kommt noch schlimmer, denn auch die Wissenschaftler haben mittlerweile herausgefunden, daß man ja mit mehreren Würfeln gleichzeitig spielen kann. Dies wollen wir im folgenden Abschnitt ausführlicher beschreiben und mit Beispielen aus der Fachliteratur belegen.

«Ergebnisse» wie Sand am Meer
Die Problematik von Mehrfachtests

Doktor Sorglos demonstriert uns in Abbildung 10, wie gefährlich es ist, sich auf mehrere Wahrscheinlichkeiten gleichzeitig zu verlassen. Dazu hat er sich aus vielen kleinen Stücken ein langes Bergsteigerseil zusammengeknotet. Die einzelnen Knoten sind ziemlich sicher, denn die Wahrscheinlichkeit, daß einer hält, beträgt jeweils 95 Prozent. Allerdings ist die Wahrscheinlichkeit, daß zwei Knoten gleichzeitig halten, geringer, nämlich nur noch etwa 90 Prozent[3], und bei zwanzig Knoten verringert sie sich auf 36 Prozent[4]. Die Wahrscheinlichkeit, mit einem zwanzigknotigen Seil abzustürzen, ist somit 100 − 36 = 64 Prozent[5]. Es ist zu befürchten, daß Doktor Sorglos bei einer seiner nächsten Klettertouren fliegen lernen muß.

Bei klinischen Studien hängt die Wahrscheinlichkeit abzustürzen, das heißt zufallsbedingt «signifikante» Ergebnisse zu erhalten, von der Anzahl der untersuchten Parameter ab. Ein Parameter ist etwas, was man messen oder feststellen kann. In der Medizin gehören dazu beispielsweise das Alter und das Geschlecht des Patien-

---

3 $0,95 \times 0,95 = 0,9025 = 90,25$ Prozent.
4 $(0,95)^{20} = 0,36 = 36$ Prozent.
5 Die Wahrscheinlichkeit dafür, daß n Knoten halten, ist $(1 − p)^n$. Die Gesamtabsturzwahrscheinlichkeit P mit solch einem Seil ist also gegeben durch $P = 1 − (1 − p)^n$.

ten. Bei Krebserkrankungen etwa kommen die Tumorart, das Tumorstadium, die Ausbreitung auf andere Organe, der Allgemeinzustand des Patienten usw. hinzu. Wer fleißig ist und sich viele Notizen macht, kann so auf eine beachtliche Anzahl von Parametern kommen. Mathematisch verhält es sich wie beim letzten Würfelspiel oder beim Kletterseil des Doktor Sorglos. In einer Studie, in der mehrere unabhängige Parameter getestet werden, gilt für jeden einzelnen Parameter das Fünfprozentrisiko einer zufälligen Signifikanz. Die Wahrscheinlichkeit, daß von zwei getesteten Parametern (= zwei Knoten) mindestens einer ein falsches Ergebnis liefert (einer von beiden Knoten hält nicht), steigt auf annähernd 10 Prozent.[6]

Wer vermeiden möchte, daß das Risiko einer falschen Schlußfolgerung für die *gesamte Studie* über 5 Prozent hinausgeht, muß das Signifikanzniveau für die *einzelnen Parameter* an die Gesamtzahl der durchgeführten Tests anpassen. Für das Bergsteigerseil bedeutet dies, daß die Versagerwahrscheinlichkeit der einzelnen Knoten deutlich verringert werden muß, um die Absturzwahrscheinlichkeit des verknoteten Seils auf ein akzeptables Maß zu reduzieren. Das kann man ganz exakt berechnen[7] oder mit einer einfachen Faustformel (nach Bonferroni) abschätzen:

$$\text{Wahrscheinlichkeit, daß ein einzelner Knoten sich löst} = \frac{\text{Absturzwahrscheinlichkeit}}{\text{Anzahl der Knoten}}$$

6 Exakt ergibt sich: $1 - (1 - 0{,}05)^2 = 1 - (0{,}95)^2 = 1 - 0{,}9025 = 0{,}0975 = 9{,}75$ Prozent. Allgemein gilt bei Untersuchung von n Parametern beziehungsweise Durchführung von n statistischen Tests für das kumulative Risiko einer falschen Schlußfolgerung: $1 - (0{,}95)^n$.
7 $p_i = 1 - (1 - 0{,}05)^{1/n}$.

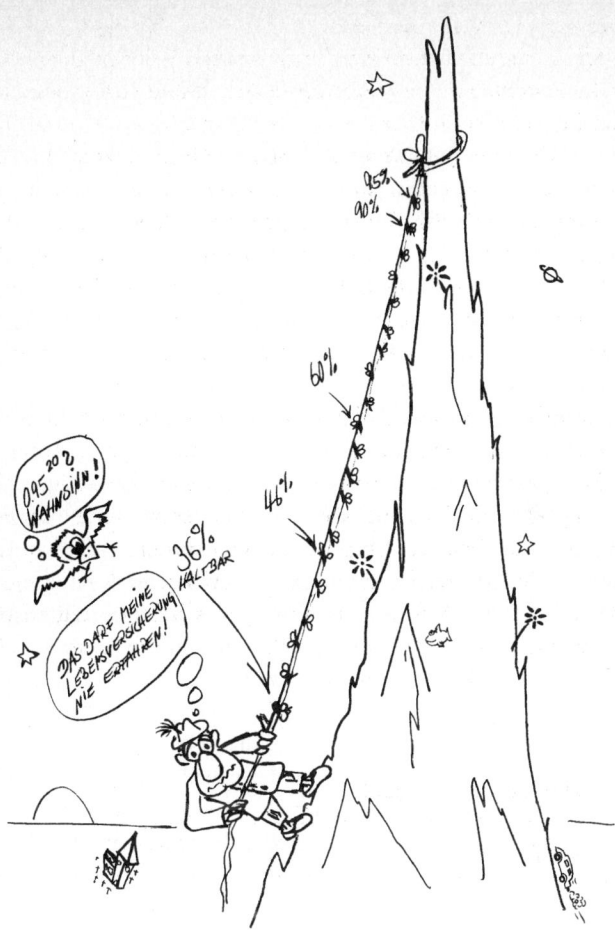

Abbildung 10: Doktor Sorglos bei Verwendung eines in der internationalen Fachliteratur empfohlenen Kletterseils mit zahlreichen ziemlich sicheren Knoten. Dies ist das letzte Bild von Doktor Sorglos. Er ist der naiven Vorstellung zum Opfer gefallen, man könne die Sicherheitskriterien der Wissenschaft auf das Bergsteigen anwenden.

Wenn die Gesamtabsturzwahrscheinlichkeit nicht größer als 5 Prozent sein soll, dann darf bei einem zwanzigknotigen Seil die Wahrscheinlichkeit, daß ein einzelner Knoten sich löst, nicht größer als 5 Prozent / 20 = 0,25 Prozent sein. Entsprechendes gilt natürlich für die Anzahl der untersuchten Parameter n in einer klinischen Studie und die Anforderungen an das angepaßte Sicherheitsniveau p_i. Ganz analog lautet die Formel[8]:

$$p_i = 5 \text{ Prozent} / n$$

Beispiel: Wenn die Gesamtirrtumswahrscheinlichkeit in einer Studie mit zehn Parametern nicht größer als 5 Prozent sein soll, dann muß man das einzelne Sicherheitsniveau auf 5 Prozent / 10 = 0,5 Prozent reduzieren.

Nichtkorrigierte Mehrfachtests haben verheerende Folgen für die klinische Forschung und deren Konsequenzen. Die hundert Quadrate in Abbildung 11A repräsentieren hundert Studien, die jeweils einen einzigen Parameter untersucht und getestet haben. Die schwarzen Quadrate stellen die Studien dar, in denen zufallsbedingt ein signifikantes Ergebnis gefunden wurde. Im Durchschnitt sind das fünf von hundert.

Untersuchungen mit einem Parameter sind außerordentlich selten. Abbildung 11B zeigt daher ein realistischeres Beispiel. Jedes Quadrat repräsentiert eine Studie, in der jeweils sechzehn Parameter (kleine Quadrate) analysiert wurden. Die schwarzen Quadrate stehen wieder für die falsch positiven Ergebnisse. Obwohl der Anteil der zufallsbedingt signifikanten Parameter wieder 5 Prozent beträgt (13/256), sind bei neun der sechzehn Studien (56 Prozent)

---

8 Voraussetzung für die Anwendung dieses Verfahrens ist allerdings, daß die untersuchten Parameter *voneinander unabhängig* sind. Für abhängige Parameter gibt es weniger konservative, aber auch weniger einfache Korrekturverfahren. Weiterführende Literatur: Holm 1979, Hochberg 1988 sowie Parker und Rothenberg 1988.

A: Hundert Studien, in denen jeweils nur ein Parameter getestet wurde.

B: Sechzehn Studien mit je sechzehn Parametern.

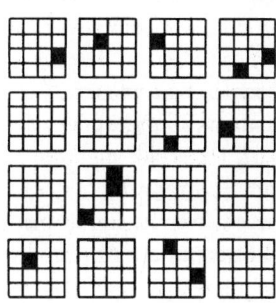

C: Vier Studien mit je 81 Parametern.

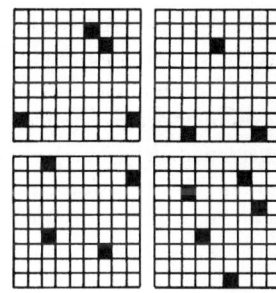

Abbildung 11: Das Risiko, auf zufällig «signifikante» Ergebnisse zu stoßen, nimmt mit wachsender Anzahl untersuchter Parameter (kleine Quadrate) zu. Die ausgefüllten kleinen Quadrate repräsentieren die Zufallsbefunde (p ≤ 0,05).

falsch positive Resultate zu verzeichnen.[9] Abbildung 11C zeigt vier große Quadrate mit jeweils 81 kleinen Quadraten. Sie repräsentieren vier Studien, in denen jeweils 81 unabhängige Parameter untersucht wurden. Insgesamt ergaben sich sechzehn zufällig «signifikante» Befunde, was wiederum einer Rate von 5 Prozent entspricht. Bei so vielen Parametern ist die Wahrscheinlichkeit, ein falsches Ergebnis zu erhalten, sehr groß; sie beträgt 98,4 Prozent[10].

Aber es kommt noch schlimmer. In zahlreichen klinischen Studien werden nicht nur verschiedene Parameter untersucht, sondern auch verschiedene Endpunkte[11] beziehungsweise Subgruppen von Patienten. In diesem Fall wird die Anzahl der Parameter mit der entsprechenden Anzahl von Endpunkten beziehungsweise Subgruppen *multipliziert*. Die Anzahl der Tests wird verdoppelt, wenn man zwei Subgruppen, etwa Männer und Frauen, getrennt analysiert. Unterteilt man die Patienten in verschiedene Altersgruppen, zum Beispiel «bis 18», «18 bis 65» und «über 65», und untersucht diese getrennt, so hat man drei Subgruppen gebildet und verdreifacht damit die Anzahl der Tests.

Unfair und problematisch ist es, wenn bei der Analyse der Daten einer klinischen Studie zwar zahlreiche Parameter, Endpunkte und Subgruppen getestet werden, aber in der Veröffentlichung lediglich einige wenige – vorzugsweise «signifikante» – angegeben werden (Abbildung 12). Dadurch wird es unmöglich, die Gesamtirrtumswahrscheinlichkeit zu berechnen und die Aussagekraft der Arbeit einzuschätzen. Im Grunde ist diese auf den ersten Blick harmlos erscheinende Vorgehensweise betrügerisch. Häufig kann aber dem

9 Die Verteilung der schwarzen Kästchen ist rein zufällig und entspricht der Poisson-Statistik, wie wir sie im Kapitel «Wir backen uns eine Schlagzeile» vorgestellt haben.
10 $1 - 0,95^{81} = 0,984$.
11 Endpunkte sind meßbare Größen, mit denen die Wirkung einer Behandlung quantifiziert werden kann, wie zum Beispiel die Überlebenszeit der Patienten, die Heilungsrate, die Häufigkeit von Nebenwirkungen, die Dauer der Beschwerdefreiheit usw.

Text einer solchen Arbeit indirekt entnommen werden, daß mehr untersucht als publiziert wurde.

Es ist erstaunlich, wie wenige der Autoren klinischer Studien diese altbekannten statistischen Grundregeln beachten. Darauf angesprochen, reagieren die Kollegen häufig mit der Bemerkung: «Wer fleißig ist und viele Parameter untersucht, der wird eben auch mit mehr signifikanten Ergebnissen belohnt.» Das klingt bestechend logisch. Anstelle einer Erwiderung erinnern wir an das eingangs durchgeführte Würfelspiel und daran, daß jemand mit vielen Knoten im Kletterseil wahrscheinlich abstürzt. Würde man den zur Zeit in der Onkologie verbreiteten Mißbrauch statistischer Verfahren auf unübliche Parameter, zum Beispiel astrologische Konstellationen, anwenden, so könnte man leicht einen signifikanten Einfluß der Planetenkonstellation auf den Ausgang einer Krebsbehandlung nachweisen. Umgekehrt ist zu befürchten, daß viele «Erkenntnisse» der Krebsforschung wissenschaftlich nicht fundierter sind als die der Astrologie.

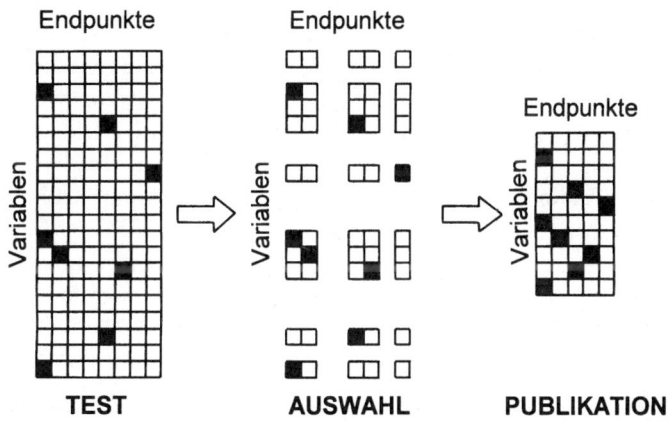

Abbildung 12: Das in der aktuellen klinischen Literatur leider weit verbreitete «Schneid-und-Flick»-Verfahren

Von Januar 1993 bis August 1994 haben wir die in unserem Fachgebiet führende europäische Zeitschrift *Radiotherapy and Oncology* im Hinblick auf Mehrfachtests untersucht. Etwa ein Drittel (!) der dort publizierten klinischen Arbeiten enthielt statistisch nicht haltbare Aussagen. Erfreulicherweise veröffentlichte das Blatt unseren dazu verfaßten kritischen Artikel umgehend (Beck-Bornholdt und Dubben 1994). Drei Jahre später analysierten wir dieselbe Zeitschrift nochmals auf eben dieses Problem hin und stellten fest, daß sich nichts geändert hatte. Der Anteil der unkorrekten Arbeiten war sogar geringfügig gestiegen. Wieder verfaßten wir einen Artikel, in dem wir auf insgesamt 38 unhaltbare Aussagen hinwiesen. Der neue Herausgeber von *Radiotherapy and Oncology* war jedoch nicht bereit, die Arbeit zur Veröffentlichung anzunehmen. Er lehnte sie ohne die sonst übliche Begutachtung durch andere Wissenschaftler, das sogenannte *peer review*, mit der Begründung ab, sie erbringe keine neuen wissenschaftlichen Erkenntnisse. Wir widersprachen mit dem Einwand, die gerechtfertigte Richtigstellung einer nicht haltbaren Aussage sei mindestens ebenso wichtig wie die Aussage selbst [12], und die müsse ja wichtig sein, sonst hätte er sie nicht gedruckt. Der Herausgeber blieb bei seinem Standpunkt und teilte uns mit, daß unser Manuskript nicht genügend neue Informationen enthalte, um eine Veröffentlichung zu rechtfertigen. [13]

Unter den 38 unhaltbaren Aussagen befanden sich Meldungen mit eindeutig klinischem Bezug. Da die Zeitschrift als das bedeutendste Radioonkologie-Fachblatt Europas gilt, ist nicht auszu-

---

12 «We believe that the justified correction of a message is as important as the message itself. If, however, the editorial policy is opposite to this view, i. e. if you consider that it is of no relevance to the readers when an untenable statement printed in *Radiotherapy and Oncology* remains uncorrected, then you will find that it is of no use to publish our manuscript.»

13 «I do regret to inform you that I do not consider your current manuscript to include sufficient new information to warrant publication and I must therefore inform you that the paper is unacceptable for publication in *Radiotherapy and Oncology*.»

schließen, daß Sie eines Tages entsprechend dieser im «Losverfahren» ermittelten und international publizierten Empfehlungen ärztlich behandelt werden.[14]

Ähnlich unwissenschaftlich wird in weiten Bereichen der Gesundheits- und Umweltepidemiologie verfahren. Die Publizisten Dirk Maxeiner und Michael Miersch (1996) beschreiben dies sehr treffend: «Wer einen Effekt findet, ist im Geschäft, wer keinen findet, ist draußen. In der Folge hat sich eine florierende Analyseindustrie entwickelt, die Gesundheitsverfahren und Umweltanklagen in Serie produziert. Eine beliebte Methode ist beispielsweise das ‹data dredging›, das Durchforsten von gewaltigen Datenbanken mit Hilfe der billigen Computerkapazität. Ein Beispiel: Wer lange genug bestimmte Lebensmittel durch bestimmte Krankengruppen rasen läßt, hat gute Chancen, irgendwann einen scheinbar auffälligen Zusammenhang zu finden. Sagen wir mal zwischen Milchkonsum und Frühgeburten, Rotkohl und grünem Star, Leberkäse und Hühneraugen.»

14 Allerdings hat hier einer von uns (HPBB) seine weiße Weste ordentlich bekleckert. Er war für sein Talent bekannt, aus den wildesten Daten wunderbare Grafiken zu zaubern – natürlich ohne zu schummeln (vgl. Kapitel «Mit der Wahrheit lügen»). Er trug die Daten auf die verschiedensten Arten auf, so lange, bis bei irgendeiner Variante eine wunderschöne Gerade entstand. Meist war es nicht schwer, das Ergebnis dann auch sinnvoll zu interpretieren. Dieses Vorgehen ist aber im Grunde nicht verschieden von den Mehrfachtests bei klinischen Studien.

Reiseroulette mit alten Autos
Mehrfachrisiken

Ein altes Auto halten wir aus gutem Grund für weniger zuverlässig als ein neues. Nehmen wir an, daß fünfzig funktionierende Komponenten (vier Zündkerzen, ein Verteiler, Benzinpumpe und deren Einzelteile, Wasserpumpe, Lichtmaschine, Keilriemen usw.) erforderlich sind, damit ein Auto fahrbereit ist. Bei Ihrem Neuwagen sind diese Komponenten auf den ersten zehntausend Kilometern mit 99,94prozentiger Sicherheit funktionstüchtig. Die Wahrscheinlichkeit, sie pannenfrei zu überstehen, beträgt somit $0,9994^{50} = 0,97 = 97$ Prozent. Bei den verbleibenden 3 Prozent der Neuwagen gibt es Probleme; das ist einer von 33. Mit der Zeit und den gefahrenen Kilometern nimmt die Zuverlässigkeit der Komponenten ab. Nach einigen Jahren ist sie auf 99,8 Prozent abgesackt. Das klingt zwar immer noch sehr sicher, ist es aber nicht: Die Pannenfreiheit ist auf nur noch $0,998^{50} = 0,90 = 90$ Prozent reduziert. Mit zehnprozentiger Wahrscheinlichkeit bleibt der Wagen dann auf einer Zehntausend-Kilometer-Tour stehen, im Mittel also einer von zehn. Damit hat er sich als Fahrzeug eines teuren Außendienstmitarbeiters disqualifiziert. Nochmals Jahre später arbeiten die Einzelteile nur noch mit 99prozentiger Sicherheit. Damit sinkt die Zuverlässigkeit des gesamten Wagens auf $0,99^{50} = 0,605 = 60,5$ Prozent. Mit fast 40 Prozent Pannenwahrscheinlichkeit auf zehntausend Kilometer werden mit diesem Auto längere Reisen zum Glücksspiel.

Wenn Sie mit einem Auto die Wüste durchqueren wollen, dann steigen Ihre Überlebenschancen nicht nur mit der Zuverlässigkeit der Einzelkomponenten, sondern auch mit der Einfachheit des Fahrzeugs. Benötigt es fünfzig intakte Komponenten, um fahrbereit zu sein, so ist es deutlich anfälliger als ein Wagen, für dessen Einsatz nur zehn funktionsfähige Komponenten erforderlich sind: Bei einer Zuverlässigkeit der Einzelteile von 99,99 Prozent weist ein Fünfzig-Komponenten-Schlitten eine Sicherheit von 99,5 Prozent auf, während der spartanische Zehn-Komponenten-Jeep

$(0,9999^{10} = 0,999)$ zu 99,9 Prozent fahrbereit ist. Das Risiko, mit diesem Jeep in der Wüste eine Panne zu erleben, beträgt $1 - 0,999 = 0,001 = 0,1$ Prozent. Einer von eintausend bleibt also auf der Strecke. Wenn Ihnen dieses Risiko zu hoch ist, dann fahren Sie besser im Konvoi mit beispielsweise zwei Autos, von denen zur Not ein einziges ausreicht, um die Wüste unbeschadet wieder zu verlassen. Die Wahrscheinlichkeit, daß beide Autos ausfallen, beträgt $0,001 \times 0,001 = 0,000001$, was bedeutet, daß nur eine von einer Million Expeditionen wegen defekter Fahrzeuge mißlingen wird. Dies ist auch der Grund, weshalb nicht einzelne Kamelreiter, sondern stets Karawanen die Wüste durchqueren und bei Flug- wie Raumfahrzeugen lebenswichtige Komponenten immer mindestens doppelt vorhanden sind.

Diese in der Technik längst selbstverständlichen Einsichten werden in der Wissenschaft kaum beherzigt. Sonst dürften beispielsweise in klinischen Studien nur wenige Parameter (= Komponenten) untersucht werden. Auch wäre es dann die Regel, Untersuchungen zu wiederholen. Die Forderung, daß eine Studie wenigstens einmal reproduziert werden muß, entspricht dem Vorschlag, die Wüste mit wenigstens zwei Fahrzeugen zu durchqueren.

Von Spekulanten und Scharfschützen
Mehrfachtests

> Sobald ein Optimist ein Licht erblickt, das es gar nicht gibt, findet sich ein Pessimist, der es wieder ausbläst.
> *Giovanni Guareschi*

Von einem selbstlosen Propheten erhalten Sie per Post nacheinander sechs Prognosen darüber, ob eine bestimmte Aktie in einem bestimmten Zeitraum steigen oder fallen wird.[15] Durch Vergleich mit

15 Dieses Beispiel stammt von dem Mathematiker John Allen Paulos. Wir

den jeweils aktuellen Börsennachrichten stellen Sie fest, daß alle Prognosen richtig waren. Die Wahrscheinlichkeit, daß der Prophet einfach nur richtig geraten hat, ist sehr gering; sie beträgt etwa 1,6 Prozent.[16] Da sie kleiner als 5 Prozent ist, scheint die Treffsicherheit des Propheten statistisch signifikant zu sein. Nun erhalten Sie eine siebte Prognose zum Kauf angeboten. Der Preis ist gering im Verhältnis zum erwarteten Gewinn. Was tun Sie?

Sie werden diesem Bauernfänger hoffentlich nichts abkaufen. Wenn er tatsächlich die Kursentwicklung voraussagen könnte, dann würde er seine Zeit nicht damit verplempern, Ihnen Börsentips anzubieten, sondern das Geschäft selber machen. Seine Strategie ist einfach und sicher: Man versende 32 000 Briefe, von denen 16 000 einen Kursanstieg und 16 000 einen Kursverfall ankündigen. Den 16 000 Adressaten mit dem richtigen Tip schreibe man ein zweites Mal. Der einen Hälfte, also 8000, prognostiziere man wiederum steigende, der anderen sinkende Kurse, und so fahre man fort, bis 500 Person übrigbleiben, die nacheinander sechs richtige Prognosen erhalten haben. Denen biete man den siebten Tip gegen eine angemessene Gebühr an.

Für diese Art von Betrug sind keine hellseherischen Fähigkeiten erforderlich. Die Treffsicherheit des Börsenpropheten läßt sich aber nur dann richtig einschätzen, wenn man *alle* seine Versuche und nicht nur eine positive Auswahl kennt.

Entsprechend kann die Bedeutung eines Ergebnisses nur dann richtig beurteilt werden, wenn alle im Rahmen einer Untersuchung durchgeführten statistischen Tests bekannt sind. Dies ist jedoch in der «wissenschaftlichen» Literatur keineswegs der Fall. Häufig stellen Autoren die signifikanten Ergebnisse bevorzugt dar und verschweigen die zahlreichen erfolglosen Tests. Solchen Bauernfängern kaufen Sie hoffentlich auch nichts ab. Statistiker sprechen in diesem Zusammenhang von einer «fishing expedition». Dazu

haben es in dem Buch *Das Ziegenproblem* von Gero von Randow gefunden.
16 $(0,5)^6 = 0,0156 = 1,6$ Prozent.

nehme man einen Datensatz und untersuche so viele Parameter wie möglich. Kommt man zum Beispiel auf zwanzig, besteht bereits die reelle Chance von 64 Prozent (siehe unsere Tabelle «Wie viele Zufallsergebnisse kann man erwarten?» im Anhang I), mindestens einmal irgend etwas Signifikantes zu finden. Die Betonung liegt auf *irgend* etwas. Als ein derart «fleißiger» Forscher könnten Sie ebensogut im Porzellanladen mit einer Schrotflinte auf ein mit Tassen gefülltes Regal schießen, dann auf die Überreste eines Mokkatäßchens zeigen und behaupten, daß Sie genau diese Tasse treffen wollten.

Die Signifikanzjagd mit der Schrotflinte führt zu einer Flut nutzloser Publikationen, die wirklich wesentliche Arbeiten schwer auffindbar macht oder sogar ganz unter sich begräbt. Da Desinformation die Forschung erheblich behindert, muß aus wissenschaftlichen und im Falle klinischer Studien auch aus ethischen Gründen ein wesentlich höherer Maßstab an die Durchführung und Auswertung von Untersuchungen gelegt werden. Sollen unsere gegenwärtigen Forschungsbemühungen wirklich zu einem Fortschritt, zum Beispiel in der Medizin, führen, so daß spätere Generationen sie ernst nehmen können, dann muß der Unsinn aufhören, den Börsenpropheten und Amokläufer in Porzellanläden hervorbringen. Die konsequente und korrekte Anwendung statistischer Methoden kann dazu beitragen, diese alchimistische Ära, in der praktisch jeder Datensatz zu «signifikanten» Ergebnissen führt, zu beenden.

Übrigens wurde früher fast ausschließlich mit einer Irrtumswahrscheinlichkeit von 0,27 Prozent, das heißt p ≤ 0,0027, gearbeitet (Sachs 1978). Da stieß man nicht auf so viele «signifikante» Ergebnisse und mußte entsprechend weniger publizieren. Für einen Wissenschaftler sind die gegenwärtig Monat für Monat erscheinenden «neuen Erkenntnisse» in der biomedizinischen Forschung selbst auf engen Spezialgebieten kaum noch zu bewältigen. Die Wissenschaftspolitik fördert heute nur die Informationsquantität, während Qualität kaum Beachtung findet, höchstens in dem Sinne, daß die «Qualität» einer Zeitschrift anhand der Quantität der Zitierungen bewertet wird. Wir sind der festen Überzeugung, daß es hier in absehbarer Zukunft zu einem Umdenken kommen muß und wird. Masse allein nützt nichts. Wenn die guten Arbeiten in der Informationsflut versinken, dann haben wir es mit Desinformation zu tun. Was wir brauchen, ist nicht *mehr*, sondern *bessere* Forschung. Wenn wir weiter nach der Maxime *publish or perish* – veröffentliche oder geh vor die Hunde – verfahren, wird es die Wissenschaft sein, die vor die Hunde geht.

Ein Spiel mit gezinkten Würfeln
Reproduzierbarkeit

Was ist in dieser Situation zu tun? Wie können Irrtümer vermieden werden? Die Antwort auf diese Frage ist seit langem bekannt. In unserer Vorlesung haben wir die Studenten wieder mit einem Würfelspiel an das Problem und dessen Lösung herangeführt.

Durch das Beladen von Würfeln mit Blei wird erreicht, daß diese deutlich häufiger eine Sechs ergeben als ein normaler Würfel. In unserer Vorlesung gaben wir Gruppen von vier bis fünf Studenten jeweils eine Handvoll Würfel, unter denen sich bei einigen auch ein gezinkter Würfel befand. Die Aufgabe lautete, eine Methode zu entwickeln, wie man allein *durch Würfeln* – also nicht durch genauere Betrachtung oder Untersuchung der Würfel – herausfinden kann, ob sich unter den Würfeln gezinkte befinden und welche es sind. Des Rätsels Lösung ist, sich die Würfel nacheinander vorzunehmen, möglichst *oft* zu werfen und auf die Häufigkeit der Sechser zu achten. Das Ganze artet regelmäßig in Fleißarbeit aus.

Keine einzige Gruppe kam auf die unsinnige Idee, nur ein einziges Mal zu würfeln und zu behaupten, alle Würfel, die bei diesem einen Wurf eine Sechs zeigten, seien gezinkt. Genau so aber wird in der modernen medizinischen Forschung verfahren, ein Vorgehen, das völlig abwegig ist, denn 1. ist nicht jede Sechs Beweis für einen gezinkten Würfel und 2. liefert ein gezinkter Würfel auch mal eine andere Zahl als die Sechs (bei unseren ist dies in etwa 20 Prozent der Würfe der Fall).

Der wissenschaftliche Begriff für wiederholtes Würfeln zur Erkennung der gezinkten Würfel heißt «Reproduzieren». Damit ein Ergebnis bestehen kann, muß es mehrfach wiederholt und bestätigt werden. Ein gezinkter Würfel ist wie eine Gesetzmäßigkeit. Die Tatsache, daß damit eine Sechs besonders häufig gewürfelt wird, ist nicht zufällig, sondern durch das Bleigewicht systematisch bedingt und deshalb reproduzierbar, was sich aber nur durch mehrfaches Würfeln feststellen läßt. Die Forderung nach der Reproduzierbarkeit von wissenschaftlichen Ergebnissen ist eine der Haupterrungenschaften der Aufklärung.

Die heutige Wissenschaftspolitik behindert die notwendige Überprüfung von Forschungsergebnissen. Es gilt nicht als spannend und wichtig, die Resultate anderer zu reproduzieren – das zahlt sich ja noch nicht einmal bei den eigenen aus. Von Wissenschaftlern gern geschrieben und von potentiellen Geldgebern gern gelesen werden Sätze wie «Hiermit konnte *erstmals* gezeigt werden, daß ...» Die Wiederholung fremder Experimente gilt als Zeit- und Ressourcenverschwendung. Darüber hinaus ist es nicht einfach, die Resultate einer Wiederholungsstudie zu publizieren, da die Ergebnisse ja nicht originell sind und nichts Neues darstellen. Da die Anzahl der Veröffentlichungen der Gradmesser für den Erfolg eines Wissenschaftlers und die Grundlage für Drittmittelförderung, berufliche Sicherheit und Fortkommen ist, bedeutet dies eine immense Hürde für Bestrebungen, Experimente zu wiederholen, und ist gleichzeitig eine Ursache für die zunehmende Desinformation durch unüberschaubare «Information» minderer Qualität.

In der klinischen Forschung steht man vor noch viel größeren Problemen. Hier ist es einfach schon des Arbeitsaufwandes wegen ungleich schwieriger, eine Studie zu wiederholen. Ferner gilt es als unethisch und häufig auch als illegal, weiterhin Patienten mit einer Standardtherapie zu behandeln, wenn sich ein anderes Verfahren *ein einziges Mal* als überlegen erwiesen hat. Man sollte sich allerdings fragen, wo die ethischen Bedenken bleiben, wenn mit 5 Prozent Wahrscheinlichkeit voreilig von einer bewährten Therapie auf eine schlechtere umgesattelt wird.

Heute mal ganz ausgelassen
Unterschlagung von Informationen

> Die hinterhältigste Lüge ist die Auslassung.
> *Simone de Beauvoir*

Im Reiseprospekt sah das ganz anders aus. Die Terrasse, der Garten, ein paar Bäume und Büsche, dahinter gleich der Sandstrand – die sechsspurige Straße dazwischen war auf dem Foto nicht zu erahnen. Und tatsächlich, von der Stelle aus, und nur von dort, wo der Fotograf gestanden haben muß, kann man die Straße nicht sehen – nur hören. Diese Art zu lügen, nämlich durch Auslassen und Verschweigen, ist in Reiseprospekten nicht erlaubt. Die Straße muß zumindest im Text erwähnt werden. In der Wissenschaft dagegen ist man in dieser Hinsicht sehr viel freizügiger.

Reden ist Silber, Schweigen ist Gold
Verschweigen von Daten

Bevor wir einige Beispiele aus verschiedenen Wissenschaftsbereichen erläutern, möchten wir Sie mit dieser Manipulationsmöglichkeit anhand eines ausgedachten einfachen Vorgangs vertraut machen. Abbildung 13 zeigt den Bestandsverlauf einer inzwischen seltenen Käferart im Harz. Offensichtlich ist sie vom Aussterben bedroht, hat sich aber in den letzten Jahren auf niedrigem Niveau halten können.

Abbildung 14 hingegen zeigt den furchterregenden Anstieg eines Schädlingsbestandes im Harz. Wir sehen, daß diese Schädlinge im Jahre 1994 praktisch noch nicht vorkamen. Seit 1995 verdoppelt sich ihre Anzahl jedoch jedes Jahr.

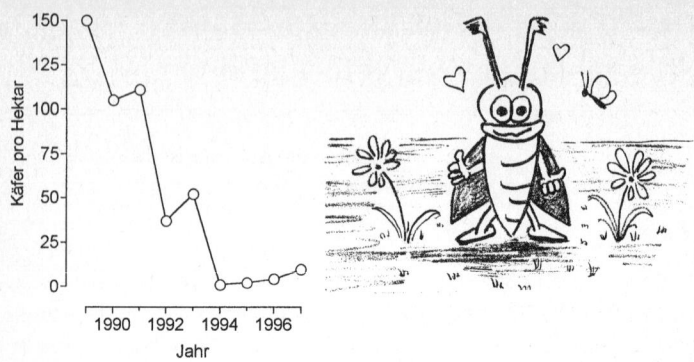

Abbildung 13: Bestand einer inzwischen seltenen, vom Aussterben bedrohten und völlig frei erfundenen Käferart im Harz

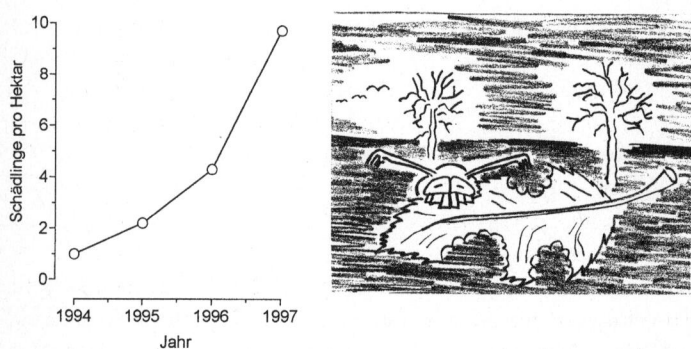

Abbildung 14: Rasante Entwicklung von Schädlingen im Harz

Beide Abbildungen beruhen auf denselben Daten. Die erste zeigt den gesamten Verlauf von 1989 bis 1997, während die zweite lediglich den Ausschnitt von 1994 bis 1997 darstellt, wobei die senkrechte Achse gestreckt ist. Wenn man wie hier die Möglichkeit hat, beide Abbildungen direkt miteinander zu vergleichen, fällt sofort auf, wie billig und trotzdem wirkungsvoll dieser Trick ist. In der Realität sind derartige Manipulationen nicht so auffällig, weil die direkte Gegenüberstellung im allgemeinen fehlt. Daß es trotzdem möglich ist, Auslassungssünden aufzudecken, zeigen die folgenden realen Fälle.

Heiße Luft?
Globale Erwärmung

> Prediction is very difficult, especially about the future.
> *Niels Bohr*

Eine gegenwärtig weit verbreitete Vorstellung ist, daß sich unser Planet mit katastrophalen Folgen für die Zukunft langsam, aber stetig erwärmt, weil wir Menschen die Atmosphäre verunreinigen. Diese Ansicht wird mit dem Temperaturverlauf der letzten 110 Jahre (Abbildung 15) untermauert, in denen tatsächlich ein Anstieg um etwa 0,7 Grad Celsius zu verzeichnen ist.

Diese Erwärmung läßt sich allerdings auch als längst fällige Erholung von einer vorhergehenden Kälteperiode einstufen. Warum heißt das schneebedeckte Grönland eigentlich «Grönland»? Erich der Rote hat der Insel im Jahre 982 diesen Namen gegeben, weil sie so grün war. 986 wurden auf ihr die ersten europäischen Siedlungen gegründet, 1126 erhielt sie sogar einen eigenen Bischof. Nach 1410 fehlen schriftliche Zeugnisse. Es war dort inzwischen so kalt geworden, daß die europäischen Siedler zugrunde gingen. Heute ist die Insel weitgehend von Eis bedeckt. Der größte Eisblock der nördlichen Hemisphäre, der West-Grönland-Gletscher, ist seit 1980 um sieben Fuß (= 2,1 Meter) dicker geworden (Krabill et al. 1995).

Zusammen mit Ergebnissen der Analyse von Sedimenten in abgelegenen und damit ungestörten Alpenseen wurde im Mai 1997 in *Nature* (Sommaruga-Wögrath et al. 1997) der Verlauf der Lufttem-

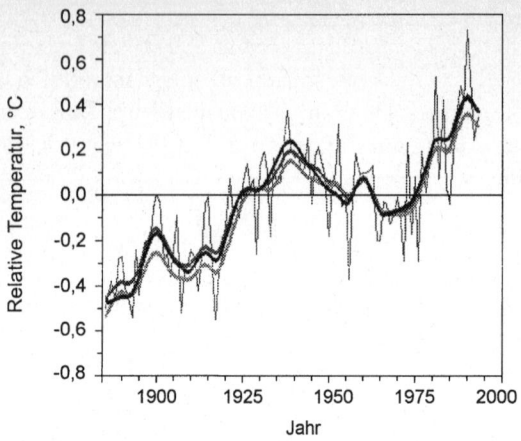

Abbildung 15: Globale Erwärmung seit 1885 (Karl & Baker 1996)

peratur von 1778 bis 1991 veröffentlicht (Abbildung 16). Der aus Abbildung 15 bekannte Temperaturanstieg der letzten hundert Jahre wird damit bestätigt. Hinzu kommt, daß die Temperatur während der hundert Jahre davor um etwa denselben Wert abgenommen hat. Zu garantiert industrie- und autofreien Zeiten war es also schon einmal genauso warm wie heute. Theoretiker der globalen Erwärmung bevorzugen Abbildung 15, die bemerkenswerterweise genau zu dem Zeitpunkt beginnt, an dem die Temperatur der letzten zweihundert Jahre am niedrigsten war.

Schauen wir doch noch weiter zurück. Der Temperaturverlauf auf unserem Planeten kann durch Untersuchungen von Eisbohrkernen in der Antarktis und in Grönland rekonstruiert werden (Broecker 1996; Lamont-Doherty Earth Observatory, 1996). Abbildung 17 zeigt die Temperaturentwicklung über die letzten 110000 Jahre. In dieser Zeitspanne, in der die Menschheit nicht nur nicht unterging, sondern sich auch noch recht prächtig weiterentwickelt hat, schwankte die Temperatur um etwa 10 Grad Celsius. Die letzten Jahrtausende erscheinen eher als eine Zeit mit

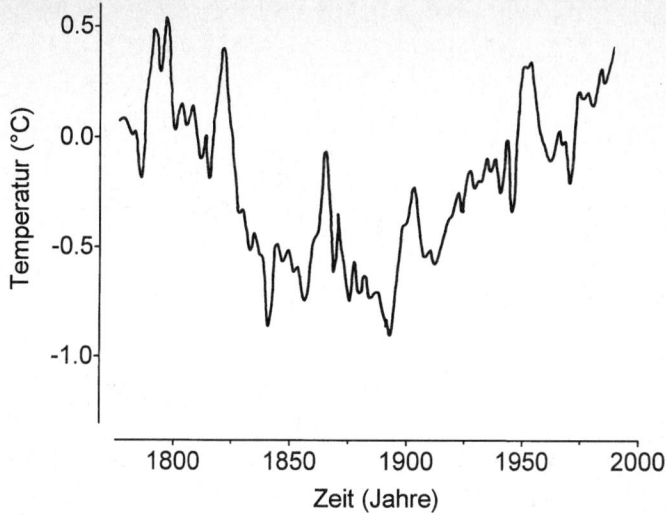

Abbildung 16: Mittlere Lufttemperatur in Österreich von 1778 bis 1991 (nach Sommaruga-Wögrath et al. 1997)

weitgehend konstanter Temperatur. Daneben fällt der «besorgniserregende» Temperaturanstieg der letzten 110 Jahre (Abbildung 15) derart gering aus, daß er in Abbildung 17 kaum noch erkennbar ist. Er befindet sich ganz rechts im letzten halben Millimeter der Kurve.

Es ist völlig normal, daß die mittlere Temperatur auf unserem Globus nicht nur über die Jahreszeiten schwankt, sondern auch in Perioden von Jahrhunderten und Jahrtausenden. Stellt man mit den Wassertemperaturdaten von Mai bis Juli Hochrechnungen an, dann läßt sich aus ihnen der Schluß ziehen, daß man gegen Ostern des folgenden Jahres im Mittelmeer Eier kochen kann. Das ist Blödsinn, denn wir wissen, daß sich die Temperatur periodisch verändert und sich der Anstieg wieder umkehrt. Genauso unsinnig ist es, mit den Daten der letzten 110 Jahre Prognosen zur zukünftigen

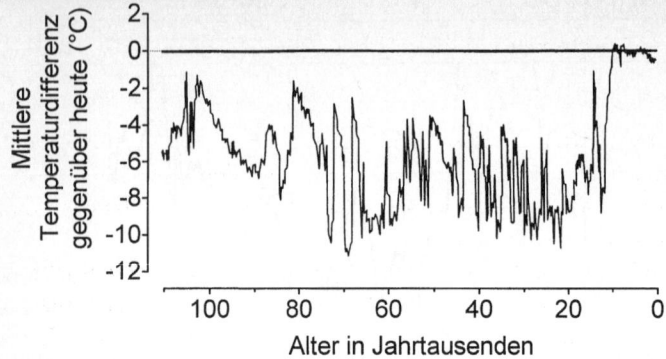

Abbildung 17: Globale Temperatur während der letzten 110 000 Jahre, ermittelt durch Messungen an Bohrkernen im grönländischen Eisschild (Broecker 1996)

Klimaentwicklung vorzunehmen. Zwischen Eis- und Warmzeiten steigt die Temperatur kontinuierlich an und nimmt zur nächsten Eiszeit hin wieder ab. Dieser über zig Jahrtausende ablaufende Wechsel ist altbekannt. Es gab ihn schon lange, bevor die ersten Menschen auf der Erde auftauchten, und lange, bevor der erste Industrieschornstein rauchte. Wer Abbildung 17 betrachtet und sich an den wachsenden Grönland-Gletscher erinnert, könnte leicht auf den Gedanken kommen, daß sich möglicherweise demnächst eine der vielen schnellen Temperaturabnahmen vollziehen wird. Steht uns vielleicht sogar eine globale Erkältung bevor?

Hitzefrei
Der heißeste 8. Juni der letzten hundert Jahre

Während wir über diesen Zeilen schwitzten, hörten wir im Radio, daß der 8. Juni 1996 der heißeste 8. Juni der letzten einhundert Jahre gewesen sei. Ist dies wieder ein Beleg für globale Erwärmung? Keineswegs!

Das Jahr hat 365 Tage. Für jeden von ihnen gibt es ein Jahr in den letzten einhundert Jahren, in dem es an dem Tag im Vergleich zu allen anderen Tagen desselben Datums am heißesten war. Wenn keine zunehmende Erwärmung stattfindet, dann sind diese heißesten Tage gleichmäßig über die einhundert Jahre verteilt. In jedem Jahr gibt es dann im Mittel 365/100 = 3,65, also drei bis vier «heißeste Tage der letzten hundert Jahre». Entsprechend natürlich auch drei bis vier kälteste Tage, schwülste Nächte und so fort.

Persönlich bevorzugen wir Abbildung 15, weil wir es gern etwas wärmer hätten, können leider jedoch nicht ganz daran glauben. Wir wissen auch nicht, ob es anhaltend wärmer oder kälter werden wird oder ob die Temperaturen bleiben, wie sie sind. Aber wenn Sie durch unsere Ausführungen zum Thema «globale Erwärmung» etwas skeptisch geworden sind, dann haben wir schon viel erreicht. Zweifeln Sie an allem! Natürlich auch an dem, was Sie in diesem Buch finden. Als Fachleute für Biophysik und Strahlenbiologie haben wir nicht mehr Ahnung von Meteorologie als andere Laien. Andererseits muß man nicht unbedingt ein Fachmann für Amalgam, Rinderwahnsinn, Elektrosmog usw. sein, um in öffentlichen Diskussionen zur Debatte gestellte Argumente auf ihre Schlüssigkeit überprüfen zu können.

Land in Sicht!
Steigende Meeresspiegel?

> Je populärer eine Idee, desto weniger
> denkt man über sie nach und desto
> wichtiger wird es also, ihre Grenzen
> zu untersuchen.
> *Paul Feyerabend*

Da wir schon einmal dabei sind, über globale Erwärmung zu
schreiben, können wir es uns nicht verkneifen, an dieser Stelle vom
eigentlichen Thema des Kapitels etwas abzuweichen und einige von
keinerlei Fachkenntnis gebremste Zweifel an angeblich bevorste-
henden Klimakatastrophen vorzubringen. Eine immer wiederkeh-
rende Prophezeiung lautet: «Wenn sich die Temperatur kontinuierlich erhöht, dann schmelzen die Polkappen, und damit steigt dann
auch der Meeresspiegel.» Sie hat unter anderem bereits dazu geführt, daß sich die kleinsten Inselstaaten zu einer Gemeinschaft zu-
sammengeschlossen haben, um so ihre «existentiellen» Interessen
am Klimaschutz effektiver vertreten zu können. Wir trauen der Geschichte nicht.

Beginnen wir mit dem Eismeer um den Nordpol und mit einem
kleinen Experiment. Nehmen Sie ein Trinkglas, geben Sie eine
große Portion Eiswürfel hinein, und füllen Sie es mit Wasser auf, so
daß das Eis schwimmt. Stellen Sie es auf einen Tisch, und markieren
Sie mit einem Filzstift den Wasserspiegel. Was geschieht mit ihm,
wenn das Eis schmilzt? – Nichts! Warum? Eis ist leichter als Wasser, darum schwimmt es ja auch. Es verdrängt genau so viel Wasser,
wie es seinem Gewicht entspricht. Das Volumen, mit dem es unter
Wasser war, und das Volumen, das entsteht, wenn es schmilzt, sind
identisch. Dasselbe gilt natürlich für Eisberge. Fast die gesamte
nördliche Eiskappe schwimmt auf dem Meer. Selbst wenn sie vollständig abschmelzen sollte, würde sich der Meeresspiegel deswegen
nicht ändern [9]. Diese Erkenntnis ist nicht neu. Sie geht auf den
Griechen Archimedes (285 bis 212 vor Christus) zurück.

Am Südpol ist es anders, weil dort das Eis nicht schwimmt, sondern auf dem antarktischen Kontinent aufliegt. Die Temperaturen
sind allerdings deutlich niedriger als am Nordpol. Sie betragen um
minus 40 Grad Celsius. Nach einer «Erwärmung» um 5 Grad auf
minus 35 Grad Celsius würde das Eis noch lange nicht schmelzen,
allenfalls an den Rändern, aber die schwimmen auf dem Meer
(weitere Argumentation siehe Nordpol). Doch das ist noch nicht
alles. Woher kommt denn das Eis auf dem Südpol? Vom Schnee.
Und woher kommt der Schnee? Aus der Atmosphäre. Und wie
kommt er dorthin? Durch Verdunstung anderswo auf dem Planeten. Diese nimmt aber mit der Temperatur zu. Wenn es also «wärmer» wird, dann ist mehr Wasser in der Atmosphäre gelöst, und
damit steigt auch die Niederschlagsmenge. Die jährliche Schnee-
menge ist in der Antarktis um so größer, je «wärmer» das Jahr ist,
weil dann mehr Wasser mit der Luft transportiert wird. Bei einem
Temperaturanstieg um einige Grad nimmt die Eisdecke in der Antarktis also zu! Die Folge müßte demnach ein *sinkender* Meeresspiegel sein.

Nun könnte man einwenden: «Das mag ja alles sein, aber die
ganzen Gletscher in den Alpen, auf Grönland und im Himalaja
und sonstwo, die werden wegschmelzen. Und dann steigt der Meeresspiegel.» Stimmt! Ob die geringe Menge aber ausreicht, um die
zunehmende Eisdecke am Südpol auszugleichen, erscheint fraglich.
Außerdem: Im Winter ist die nördliche Halbkugel mit ziemlich viel
Schnee und Eis bedeckt. Im Frühjahr führt die Schneeschmelze regelmäßig zu Überflutungen an den Flußufern. Aber haben Sie
schon einmal gehört, daß sie zu einem Anstieg des Meeresspiegels
geführt hätte?

Es gibt noch viele andere Faktoren, die den Meeresspiegel bei
steigender Temperatur beeinflussen können: Luftfeuchtigkeit und
Niederschläge, Löslichkeit von Salzen, Bewegungen der Erdkruste,
Temperaturausdehnung des Wassers usw. Wir, die Autoren dieses
Buches, wissen wenig über sie. Wir können also auch nicht sagen,
ob der Meeresspiegel steigen oder sinken wird, wenn die globale
Temperatur um 5 Grad Celsius ansteigt. Die üblichen Argumente

überzeugen uns jedoch nicht. Sie sind ebensogut geeignet, ein Sinken des Meeresspiegels zu prophezeien.

Unsere Bemerkungen sollen keine Anstiftung zum Kauf von Grundstücken zwischen Helgoland und Sylt sein. Wir wünschen uns nur mehr Sachlichkeit und weniger Sensations- und Katastrophengeilheit in derartigen Diskussionen.

Was ich nicht weiß, macht mich nicht heiß
Verschweigen von Daten in der Krebsforschung

> Betrügen war schon immer eine Kunst.
> Seit einiger Zeit ist es auch eine Wissenschaft.
> *Federico Di Trocchio*

Um das nun folgende authentische Beispiel aus der Krebsforschung verstehen zu können, brauchen wir ein paar Erläuterungen. Ein fraglos wichtiges Kriterium für den Erfolg einer Krebstherapie ist die Verlängerung der Lebensdauer eines Patienten, der unbehandelt sehr bald sterben würde. Diese Wirkung wird als Überlebensrate angegeben, die Auskunft darüber gibt, wie viele Patienten zum Beispiel fünf Jahre nach der Behandlung noch leben. Wenn es gelingt, einen Tumor vollständig zu beseitigen und ein späteres Wiederaufwachsen zu verhindern, dann gilt der Patient als «lokal geheilt». Das Wort «lokal» bezieht sich dabei auf den Ort des Tumors beziehungsweise die Körperregion, die chirurgisch oder strahlentherapeutisch behandelt wurde. Die Qualität einer Therapie spiegelt sich also auch in der «lokalen Heilungsrate» wider, die angibt, bei wie vielen Patienten (wieder nach zum Beispiel fünf Jahren) der behandelte Tumor nicht nachgewachsen ist. Nun ist es jedoch möglich, daß ein Patient zwar erfolgreich behandelt wurde und lokal geheilt ist, aber dennoch an Tochtergeschwülsten, sogenannten Metastasen, stirbt. Wir sehen, daß die beiden Qualitätskriterien Überlebensrate und lokale Heilungsrate keineswegs identisch sind.

Es gibt Tumoren, die auf eine Behandlung sehr schlecht ansprechen, mit denen man aber lange leben kann. Bei ihnen ist die lokale
Heilungsrate gering, die Überlebensrate dagegen hoch. Im umge-
kehrten Fall ist der Tumor zwar lokal leicht zu heilen, die Überlebensrate aber wegen starker Metastasenbildung gering. Um die Behandlungsergebnisse möglichst vollständig darzustellen, ist es in
der medizinischen Fachliteratur daher üblich, beide Erfolgskrite-
rien anzugeben.

Nun zu unserem authentischen Fall. Es geht um die Bestrahlung
von Tumoren im Kopf-Hals-Bereich. In einer britischen Studie
wurden Krebspatienten mit zwei verschiedenen Therapien behandelt. Abbildung 18 zeigt die Ergebnisse, die wir der internationalen
Fachliteratur entnommen haben (Saunders et al. 1991).

Im oberen Teil der Abbildung ist die lokale Heilungsrate gegen
die Zeit aufgetragen. Die gestrichelte Kurve bezieht sich auf eine
neue Behandlungsmethode, deren positiver Effekt mit Hilfe der
Studie bestätigt werden sollte (Saunders et al. 1991). Die durchgezogene Kurve zeigt das Resultat einer Vergleichsgruppe von Patienten, die eine konventionelle Therapie erhielten. Bei einem Teil der
Patienten konnte der Tumor nicht vollständig vernichtet werden;
deswegen beginnen die Kurven am Anfang nicht bei 100 Prozent,
sondern bei 90 beziehungsweise 60 Prozent. Im Laufe der Zeit
zeigte sich, daß die Beseitigung des Tumors bei einem Teil der Patienten doch nicht von Dauer war – die Tumoren wuchsen wieder
auf. Aus diesem Grund sinken die beiden Kurven mit der Zeit ab.
Nach drei Jahren (36 Monaten) kam es jedoch zu keinen weiteren
Rückfällen mehr; die Kurven verlaufen jetzt waagerecht. Wer es bis
dahin geschafft hatte, tumorfrei zu bleiben, war offenbar tatsächlich geheilt. Die gestrichelte Kurve liegt in der oberen Abbildung
immer über der durchgezogenen. Die Behandlungsergebnisse der
neuen Therapie führten offensichtlich zu einem höheren Prozentsatz geheilter Patienten. Sie war für die Erkrankten anscheinend
deutlich günstiger.

Im unteren Teil der Abbildung ist die Überlebensrate (Prozentsatz der überlebenden Patienten) gegen die Zeit aufgetragen. Ob-

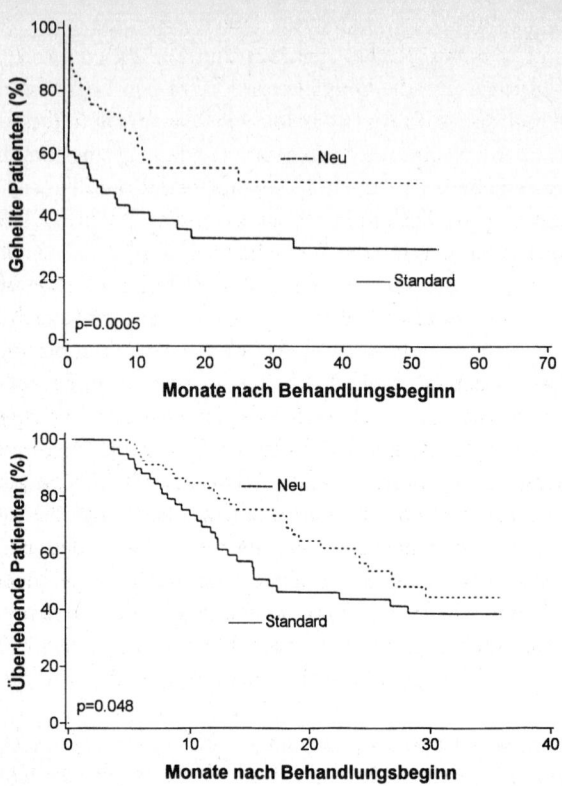

Abbildung 18: Ergebnisse einer Studie zur Strahlentherapie von Kopf-Hals-Tumoren (Saunders et al. 1991). Die obere Abbildung ist bereits in Lehrbüchern zu finden (Joiner 1993).

wohl bei der Standardtherapie in 40 Prozent der Fälle der Tumor unter der Behandlung nicht verschwand, also lokal nicht geheilt wurde, lebten alle Patienten noch mehrere Monate lang (durchgezogene Kurve). Daher verläuft die Kurve zunächst horizontal und fällt erst später ab. Die Überlebenskurve der neuen Behandlungsmethode liegt höher als die der Standardtherapie. Es zeigt sich also auch in der unteren Grafik ein deutlicher Vorteil zugunsten der neuen Behandlung. Allerdings nur, weil geschummelt wurde.

Wenn man weiß, ob ein Patient geheilt wurde, dann ist auch bekannt, ob er noch lebt. Daher müssen beide Zeitachsen, die der lokalen Heilungsrate und die der Überlebensrate, gleich lang sein. Sind sie aber nicht. Die untere Zeitachse erstreckt sich über 36, die obere über etwa 53 Monate. Wir sehen nur einen Teil der Überlebenskurve. Offenbar gab es hier etwas zu verbergen! Damit der Schwindel nicht gleich ins Auge springt, wurde die Zeitachse der Überlebenskurve etwas gestreckt, bis sie genauso lang war wie die Zeitachse der Heilungen. Wir hatten den Verdacht, daß sich die Überlebenskurven nach mehr als drei Jahren überschneiden und sich die anfänglich vorteilhafte neue Therapie langfristig als die schlechtere entpuppen könnte. Solche Überschneidungen der Überlebenskurven sind durchaus möglich, auch wenn die lokalen Heilungskurven parallel verlaufen. Beispielsweise ist denkbar, daß die Patienten, bei denen eine lokale Heilung nicht gelungen ist, nach der konventionellen Therapie deutlich länger leben als nach der neuen. Auch könnten sich nach Einsatz des neuen Behandlungsverfahrens mehr Metastasen bilden als bei der Standardmethode.

Unmittelbar nach Erscheinen des Artikels haben wir diese Darstellungsweise in einem Leserbrief an die Herausgeber der Zeitschrift beanstandet (Beck-Bornholdt und Dubben 1992). Ein Leserbrief wird in der Fachpresse aber erst dann abgedruckt, wenn eine Stellungnahme der kritisierten Autoren vorliegt. Die hatten es jedoch überhaupt nicht eilig und ließen sich mit der Antwort ein Jahr (!) Zeit, was unserer Auffassung nach daran gelegen haben dürfte, daß zu diesem Zeitpunkt eine große internationale Studie zu eben jener Therapie von eben jenen Autoren initiiert wurde. Eine solche multizentrische Untersuchung läßt sich jedoch nur dann erfolgreich durchführen, wenn alle beteiligten Kliniken regelmäßig Patientendaten einbringen. In der Anlaufphase, bevor in den einzelnen Kliniken die Beteiligung zur Routine geworden ist, hätte eine öffentliche Infragestellung der Ergebnisse durch unseren Leserbrief das Projekt gefährden können, weil dann vielleicht einige Kliniken auf die Idee gekommen wären, die Zusammenarbeit aufzukündigen.

So erhielten wir die Antwort (Dische et al. 1992) erst viel später. Sie bestätigte unseren Verdacht: «Der Überlebensvorteil ... verschwindet nach fünf Jahren.» («The advantage in overall survival shown ... is lost by the fifth year.») Dabei hielten es die Autoren nicht für notwendig, in ihrer Stellungnahme das vollständige Ergebnis zu präsentieren. Sie zogen es vielmehr vor, die schlechten Resultate weiterhin zu verschweigen. Ob sich eventuell sogar ein Nachteil für die mit der neuen Therapie behandelten Patienten ergeben hat, ist nicht bekannt, da auch bis heute, fünf Jahre später, keine Aktualisierung der in Abbildung 18 gezeigten unvollständigen Resultate erschienen ist. Dennoch sind die Ergebnisse dieser Untersuchung zu einem festen Bestandteil einschlägiger Fortbildungsveranstaltungen und Lehrbücher (Joiner 1993) geworden. Die groß angelegte internationale Studie mit insgesamt über neunhundert Patienten ist mittlerweile abgeschlossen. Ein Vorteil der neuen Therapie gegenüber der alten hat sich dabei für die Patienten mit Tumoren im Hals-Kopf-Bereich nicht ergeben (Dische und Saunders 1996; vergleiche auch Anmerkung 10).

Wir haben gesehen, daß die Dauer der Nachbeobachtung entscheidend für die Einschätzung der Wirksamkeit einer Therapie sein kann. Bei der Lektüre der Literatur unseres Fachgebietes fällt uns immer wieder auf, daß es zahlreiche international bekannte und vielzitierte große Studien gibt, über die lediglich vorläufige Berichte veröffentlicht wurden, sogenannte *preliminary* oder *interim reports*. Zum Teil sind die endgültigen Ergebnisse auch dann nicht erschienen, wenn die Arbeitsgruppe noch viele Jahre weiter auf demselben Gebiet geforscht und publiziert hat. Die Vermutung liegt nahe, daß den Autoren die endgültigen Ergebnisse nicht mehr genehm waren. Die zwangsläufig unvollständigen Ergebnisse eines *preliminary report* finden oft große Verbreitung [11], ohne daß sie jemals durch spätere *final reports* bestätigt werden. Diese Art der voreiligen Veröffentlichung wirft auch erhebliche statistische Probleme auf, so daß darauf *völlig* verzichtet werden sollte (Simon 1993). Nicht umsonst wird beim Pferderennen von vornherein festgelegt, über welche Distanz das Rennen geht. Dürfte der Zokker nachträglich festlegen, welche Strecke zu werten ist, würde es für einen Gewinn genügen, wenn das Pferd, auf das er gesetzt hat, zu *irgendeinem* Zeitpunkt des Rennens vorne lag. Diese einleuchtende Grundregel wird in der Wissenschaft häufig nicht eingehalten [12].

Not macht erfinderisch
Betrug durch Hinzudichten von Ergebnissen

> Corriger la fortune.
> *Gotthold Ephraim Lessing*

In seinem Buch *Der große Schwindel: Betrug und Fälschung in der Wissenschaft* beschreibt Federico Di Trocchio [1994] eine erschreckende Zunahme von Wissenschaftsfälschungen in den letzten Jahrzehnten [13]. Er zeigt, wie sich die Wissenschaft von einer Berufung zu einem Beruf wandelte, wie die gegenwärtigen Betrügereien mit dem System der Forschungsfinanzierung zusammenhängen und wie das System der «Big Science», die mit Millionen finanzierte Großforschung unserer Tage, zur Beute mittelmäßiger und betrügerischer Wissenschaftler wird.

Das Weglassen unliebsamer Meßwerte ist wahrscheinlich eine der häufigsten Formen von Fälschung in der Wissenschaft. Es gibt aber auch das Gegenteil, das *Erfinden* von Meßwerten.

Ein Beispiel aus unserem Fachgebiet ist die sogenannte NSABP-Studie (Fisher et al. 1989). Sie stellt die umfangreichste Grundlage für die zur Zeit praktizierte brusterhaltende Therapie des Mammakarzinoms dar. Zunächst konnte man nur im Internet, jetzt auch in gedruckter Form nachlesen (Fisher et al. 1995), daß ein Autor der

Studie (nicht Fisher!) gefälschte Daten eingereicht hatte. Die Reihenfolge der Autorennamen im Titel dieser Studie, an der zahlreiche Kliniken beteiligt waren, sollte sich nach der Anzahl der eingebrachten Patienten richten. Anscheinend wollte der Fälscher gern weiter vorn in der Autorenliste stehen und hat einfach Patienten dazuerfunden.

Zum Thema Fälschungen schreibt Erwin Chargaff (1992): «In den letzten zweihundert Jahren war in den reinen Naturwissenschaften die Publikation gefälschter und erlogener Resultate etwas überaus Seltenes ... [Dies] beruhte darauf, daß angesichts der relativ geringen Zahl von Arbeiten die Wahrscheinlichkeit sehr groß war, daß jede halbwegs wichtige Beobachtung innerhalb von ein oder zwei Jahren widerlegt oder bestätigt worden wäre. Dies trifft nicht mehr zu, denn besonders auf den als biomedizinische Forschung bezeichneten Gebieten ist die Fülle der Arbeiten so überwältigend, die Versuchsanordnung so kompliziert und kostspielig und die experimentelle Beschreibung oft so ungenau und oberflächlich, daß eine Wiederholung viel zu schwierig und uneinladend ist. Trotzdem ist in den letzten Jahren eine überraschend große Menge von Schwindel und Gaunerei aufgedeckt worden, meistens als Folge von Denunziation und Berufsneid; und das ist wahrscheinlich nur die sprichwörtliche Spitze des Eisbergs.»

Fußball, Zufall, Sensationen
Permutationen, Kombinationen,
Binomialstatistik

Lotto ist ein reines Glücksspiel. Niemand kann die Zahlen, die am nächsten Sonnabend gezogen werden, vorausahnen oder gar berechnen. Wer gewinnt, hat einfach nur Glück gehabt. Es gibt keine guten oder schlechten Lottospieler. Aber beim Toto ist es sicher anders, oder? Ausgebuffte Fußballkenner müßten doch wissen, wer gegen wen gewinnt. – Aber wie viele Bundesligatrainer sind Totomillionäre geworden? Wer hat dank der allwöchentlich gedruckten Trainertips Geld gescheffelt? In diesem Kapitel erfahren Sie mehr über die Fußballbundesliga, über Verwechslungsmöglichkeiten, Sitz(un)ordnungen und seltene Ereignisse.

‖ Kerzen, Kabel, Kaffeekränzchen
‖ Permutationen

Letzten Sonntag habe ich die Zündkerzen in meinem Auto erneuert. Ich entfernte die vier Kabel, schraubte die alten Zündkerzen heraus und setzte die neuen ein. Dann mußte ich nur noch die Kabel wieder anschließen, aber welches Kabel an welche Kerze? Zu allem Unheil fing es auch noch zu regnen an, so daß ich mich dem Problem erst mal am Schreibtisch zuwandte. Planloses Ausprobieren schien mir ohnehin nicht angebracht. Also listete ich alle Möglichkeiten auf, die nach dem Regenschauer durchzuchecken waren. Dazu numerierte ich die Kerzen (I bis IV) und Kabel (1 bis 4) und machte mir folgenden Plan:

Tabelle 14: Die 24 verschiedenen Möglichkeiten, vier Kabel an vier Zündkerzen anzuschließen

Kerze	I	II	III	IV		I	II	III	IV
Kabel	1	2	3	4	Kabel	3	1	2	4
Kabel	1	2	4	3	Kabel	3	1	4	2
Kabel	1	3	2	4	Kabel	3	2	1	4
Kabel	1	3	4	2	Kabel	3	2	4	1
Kabel	1	4	2	3	Kabel	3	4	1	2
Kabel	1	4	3	2	Kabel	3	4	2	1
Kabel	2	1	3	4	Kabel	4	1	2	3
Kabel	2	1	4	3	Kabel	4	1	3	2
Kabel	2	3	1	4	Kabel	4	2	1	3
Kabel	2	3	4	1	Kabel	4	2	3	1
Kabel	2	4	1	3	Kabel	4	3	1	2
Kabel	2	4	3	1	Kabel	4	3	2	1

Insgesamt ergaben sich also 24 Möglichkeiten, sogenannte Permutationen. Mit der Liste vor Augen fiel mir auf, daß sich diese Anzahl auch anders bestimmen läßt: Für das erste Kabel habe ich vier Möglichkeiten, für das zweite, wenn das erste angeschlossen ist, nur noch drei. Bei zwei Kabeln habe ich es also bereits mit $4 \times 3 = 12$ Möglichkeiten zu tun. Ist auch das zweite angeschlossen, sind fürs dritte nur noch zwei Varianten denkbar und für das vierte schließlich noch eine, denn alle anderen Kerzen sind ja bereits belegt. Die Gesamtzahl der Möglichkeiten beträgt dann $4 \times 3 \times 2 \times 1 = 24$.

Und wie fand ich heraus, welches die richtige Reihenfolge ist? Darauf eingerichtet, den Rest des Nachmittags unter der Motorhaube zuzubringen, ging ich mit meiner Liste zum Auto. Zu meiner Freude stellte ich dann fest, daß die Längen der Kabel genau bemessen waren und es jeweils nur eine einzige Möglichkeit gab, sie mit den Kerzen zu verbinden. Offenbar hatten die Konstrukteure des Fahrzeugs Leute wie mich bereits einkalkuliert.

Am selben Nachmittag war ich noch zum Kaffeekränzchen eingeladen. Kaffee, Kuchen, Schlagsahne: $3 \times 2 \times 1 = 6$ mögliche Reihenfolgen, dachte ich, aber man ißt und trinkt dann ja doch alles durcheinander. Wir waren zehn Personen, und der Gastgeber berichtete stolz, er habe unter allen erdenklichen Sitzmöglichkeiten die optimale für diesen Personenkreis ausgewählt (damit es ja keinen Streit gäbe). – Wirklich alle erdenklichen? Durch mein nachmittägliches Kabel- und Kerzenproblem gut vorbereitet, überlegte ich: Dem ersten Gast stehen zehn Sitzplätze zur Verfügung, dem zweiten dann nur noch neun; für beide zusammen gibt es also insgesamt schon $10 \times 9 = 90$ verschiedene Sitzordnungen an einem Tisch mit zehn Stühlen. Für den dritten Gast sind jetzt noch acht freie Plätze übrig, für den vierten dann nur noch sieben usw., usw. Der zehnte Besucher hat überhaupt keine Wahlmöglichkeit mehr. Er muß sich auf den letzten freien Stuhl setzen. Insgesamt gibt es also $10 \times 9 \times 8 \times 7 \times 6 \times 5 \times 4 \times 3 \times 2 \times 1 = 3\,628\,800$ mögliche Sitzordnungen. Ich kann mir bis heute nicht vorstellen, wie der Gastgeber die alle im Geiste durchgegangen ist.

Die Anzahl der Möglichkeiten, etwas in eine Reihenfolge zu bringen, nennt man auch Permutationen. Für die obigen Berechnungen der Permutationen gibt es die Kurzschreibweisen

$$10! = 10 \times 9 \times 8 \times 7 \times 6 \times 5 \times 4 \times 3 \times 2 \times 1 = 3\,628\,800$$
$$4! = 4 \times 3 \times 2 \times 1 = 24$$

die «zehn-Fakultät» beziehungsweise «vier-Fakultät» ausgesprochen werden. Diese Fakultätfunktion findet man übrigens auf vielen Taschenrechnern.[1]

1 Dies ist bei der Darstellung der Poisson-Formel im Kapitel «Wir bak-

Das Fußballstadion als Rouletteschüssel
Spielt mein Verein wirklich schlechter,
oder haben wir nur Pech gehabt?

Ich bin Pauli-Fan. Heute haben wir verloren. 0 zu 2 gegen den HSV. Meine Kollegen sind alle HSV-Fans. Und morgen beim Mittagessen heißt es dann wieder: «Die bessere Mannschaft gewinnt eben!» – Aber diesmal gibt es Gegendruck. Mit harten wissenschaftlichen Argumenten werde ich diesen Unsinn widerlegen: Das Ergebnis ist statistisch nicht signifikant!

Nehmen wir mal an, daß beide Mannschaften genau gleich stark sind. Bis zum Schlußpfiff fallen insgesamt zwei Tore. Damit sind folgende mögliche Spielverläufe denkbar:

1. Der HSV schießt das erste und das zweite Tor (2 zu 0).
2. Der HSV schießt das erste und St. Pauli das zweite Tor (1 zu 1).
3. St. Pauli schießt das erste und der HSV das zweite Tor (1 zu 1).
4. St. Pauli schießt das erste und das zweite Tor (0 zu 2).

Weitere Varianten gibt es nicht. Da wir ja angenommen haben, beide Mannschaften seien gleich stark, ist die Wahrscheinlichkeit, daß der HSV das erste Tor schießt, ebensogroß wie die Wahrscheinlichkeit, daß dies St. Pauli gelingt, nämlich genau 50 Prozent. Das gleiche gilt für das zweite Tor. Wieder beträgt die Wahrscheinlichkeit, es zu erzielen, für beide Mannschaften jeweils genau 50 Prozent.

Für den ersten oben angeführten möglichen Spielverlauf, nämlich daß der HSV 2 zu 0 gewinnt, ergibt sich somit folgende Wahrscheinlichkeit:

ken uns eine Schlagzeile» (Fußnote 3, Seite 32) versprochene Erklärung von «x!». Es gilt übrigens $0! = 1$. Beweis: $n! = (n-1)! \times n$, daraus folgt: $(n-1)! = n!/n$. Wenn man nun $n = 1$ einsetzt, dann ergibt sich: $(1-1)! = 1!/1$, und das ist dasselbe wie $0! = 1$.

Wahrscheinlichkeit, daß der HSV das erste Tor schießt
(50 Prozent = 0,5)
multipliziert mit
Wahrscheinlichkeit, daß der HSV das zweite Tor schießt
(50 Prozent = 0,5)
Ergebnis: $0,5 \times 0,5 = 0,25 = 25$ Prozent

Für die anderen drei Varianten besteht ebenfalls jeweils eine Chance von 25 Prozent. Zusammen erhalten wir also $4 \times 25 = 100$ Prozent, und so muß es ja auch sein, denn eines dieser vier Ergebnisse tritt bei einem Spiel mit insgesamt zwei Toren auf jeden Fall ein.

Die zweite und die dritte Möglichkeit liefern jeweils denselben Schlußstand, nämlich 1 zu 1. Zu diesem Ergebnis wird es also mit $25 + 25 = 50$prozentiger Sicherheit kommen. Zusammenfassend erhalten wir:

Tabelle 15: Fußballergebnisse aus statistischer Sicht. Wenn man annimmt, daß zwei Mannschaften genau gleich gut spielen und bei einer Begegnung zwei Tore fallen, dann ergeben sich für die verschiedenen möglichen Resultate folgende Wahrscheinlichkeiten:

Ergebnis	Wahrscheinlichkeit
2 : 0	25 %
1 : 1	50 %
0 : 2	25 %

Es muß also keineswegs bei gleich starken Mannschaften jedes Spiel mit insgesamt zwei Toren 1 zu 1 ausgehen. Dies ist mit 50prozentiger Wahrscheinlichkeit der Fall. Daß mein Verein mit 0 zu 2 verliert, obwohl er genausogut spielt wie der HSV, ist zwar weniger wahrscheinlich (25 Prozent), aber damit noch lange nicht statistisch signifikant. Mit einer Wahrscheinlichkeit von 25 Prozent hat der HSV einfach nur Glück gehabt.[2]

Erst wenn die Wahrscheinlichkeit für ein Ergebnis 5 Prozent oder weniger beträgt, ist es statistisch signifikant, daß der Gewinner besser spielt als der Verlierer. Ein signifikantes Ergebnis wird aber erst bei 6 zu 0 Toren erreicht! Die Begründung dafür liefern wir im nächsten Abschnitt.

Tischfußball
Kombinationen

Die verschiedenen Spielergebnisse zweier exakt gleich starker Fußballmannschaften können wir mit dem Werfen von Münzen simulieren und daraus die Wahrscheinlichkeiten der Ergebnisse ermitteln. Die Chance, daß «Kopf» oder «Zahl» fällt, beträgt jeweils 50 Prozent. Bei jedem unserer Fußballspiele werden insgesamt sechs Tore erzielt, das heißt, wir werfen die Münze pro simuliertem Match sechsmal. Kopf bedeutet ein Tor für den HSV, Zahl ein Tor für St. Pauli. Je nachdem, ob Kopf (Kreuz) oder Zahl (Kreis) gewinnt, tragen wir in die auf Seite 95 abgebildeten vierzig Reihen von je sechs Quadraten nach und nach Kreuze beziehungsweise Kreise ein (schneller geht's mit einem Würfel: an die Stelle von «Kopf oder Zahl» treten dann «gerade oder ungerade Augenzahl»).

Nach dieser Fleißarbeit wird die Anzahl der Kreuze für jede Reihe einzeln ausgezählt und rechts davon notiert. Um festzustellen, wie viele Sechsergruppen kein Kreuz, ein Kreuz usw. enthalten,

2 Diese Aussage darf man nicht mit einer Vorhersage eines 0-zu-2-Ergebnisses verwechseln. Vor dem Spiel weiß man ja nicht, wie viele Tore insgesamt fallen werden. Für eine Prognose muß daher auch die Wahrscheinlichkeitsverteilung der Anzahl der Tore pro Spiel bekannt sein.

Tabelle 16: Münzwurfsimulation eines Fußballspiels, in dem sechs Tore fallen

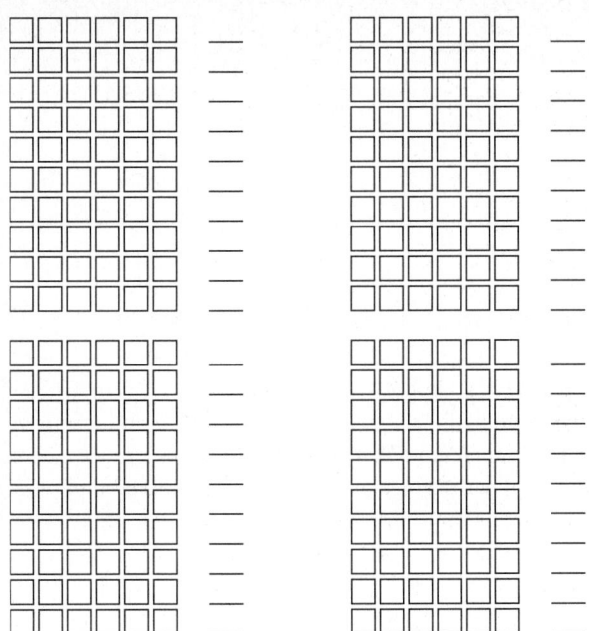

erstellen wir anschließend die nachstehende Liste (Tabelle 17) und machen jeweils einen Strich in der entsprechenden Zeile.

Obwohl Sie so fleißig Münzen geworfen haben, ist die Stichprobe eigentlich noch zu klein, um die Verteilung wirklich genau bestimmen zu können. Hierfür müßten Sie etwa tausend Reihen zu sechs Versuchen ausfüllen. Dennoch wird sich in den meisten Fällen sehr deutlich zeigen, daß drei Kreuze und drei Kreise, also ein Schlußstand von 3 zu 3, erheblich häufiger vorkommt als sechs Kreuze beziehungsweise sechs Kreise, also ein 6-zu-0- beziehungsweise 0-zu-6-Ergebnis. Dabei sollte das doch eigentlich egal sein,

Tabelle 17: Auswertung des simulierten Fußballspiels

Anzahl der Kreuze pro Sechsergruppe	Unsere Strichliste	Ihre Strichliste	Simuliertes Spielergebnis
0	|	_____	6:0
1	|||	_____	5:1
2	||||||||	_____	4:2
3	|||||||||||||	_____	3:3
4	|||||||	_____	2:4
5	||||	_____	1:5
6		_____	0:6

denn die Wahrscheinlichkeit sowohl für Kreuze als auch für Kreise ist doch gleich, nämlich jeweils 50 Prozent! Oder?

Das Geheimnis liegt darin, daß jede beliebige Reihenfolge von

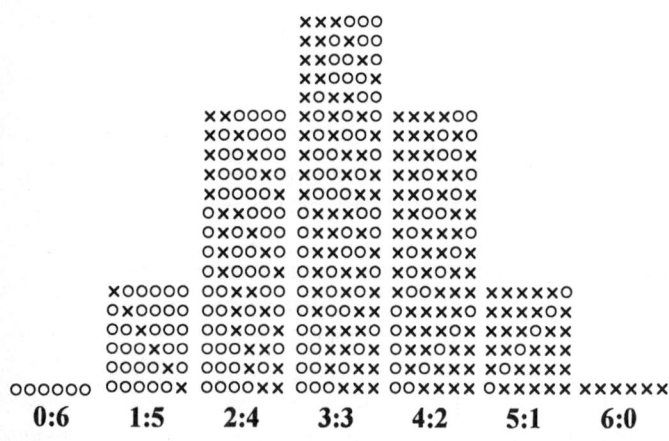

Abbildung 19: Liste aller Sechserkombinationen

Kreuzen und Kreisen gleich wahrscheinlich ist. Zur Veranschaulichung haben wir alle 64 Möglichkeiten[3] aufgelistet (Abbildung 19).

Es zeigt sich, daß es nur eine einzige Reihenfolge (mathematisch: Kombination[4]) für sechs Kreuze gibt, aber zwanzig verschiedene für drei Kreuze und drei Kreise. Da alle diese Folgen gleich wahrscheinlich sind, kommen (im Durchschnitt) drei Kreuze und drei Kreise zwanzigmal häufiger vor als sechs Kreuze. Von den 64 möglichen Spielergebnissen stellen die sechs Kreuze und die sechs Kreise nur zwei Fälle dar. Da $2/64 = 0{,}031 = 3{,}1$ Prozent kleiner als 5 Prozent ist, sind die Ergebnisse 6 zu 0 beziehungsweise 0 zu 6 statistisch signifikant.

Um mit statistischer Signifikanz entscheiden zu können, ob eine

3 Allgemein kann man die Anzahl der möglichen Reihenfolgen für ein Spiel mit n Toren mit Hilfe der Formel 2^n berechnen. So ist $2^6 = 2 \times 2 \times 2 \times 2 \times 2 \times 2 = 64$.

4 Die Anzahl der Kombinationen von k Elementen (das sind die Tore des HSV) aus einer Menge mit n Elementen (das sind die sechs Tore, die insgesamt gefallen sind) ist gegeben durch:

$$\text{Anzahl der Kombinationen} = \binom{n}{k} = \frac{n!}{(n-k)! \times k!}$$

Den Ausdruck in der großer Klammer spricht man «n über k» aus. Das ist lediglich eine Abkürzung für den rechten Teil der Gleichung, der zunächst kompliziert aussieht, aber in der Anwendung letztlich sehr einfach ist. Auch ist relativ leicht nachvollziehbar, wie diese Formel zustande kommt. Zunächst einmal steht im Zähler n!. Das ist die Anzahl der Permutationen. Wenn wir daraus eine bestimmte Anzahl von k Elementen auswählen, auf deren Reihenfolge es *nicht* ankommt, dann müssen wir durch die Anzahl der Permutationen dieser ausgewählten Elemente dividieren, also durch k!. Dasselbe gilt für die nichtausgewählten (n − k) Elemente, und entsprechend ist (n − k)! der Teiler.

Wie groß ist die Chance, beim Lotto sechs Richtige zu tippen?

Es gibt $49!/(6! \times 43!) = (49 \times 48 \times 47 \times 46 \times 45 \times 44)/(6 \times 5 \times 4 \times 3 \times 2) = 13\,983\,816$ Möglichkeiten für sechs aus 49. Die Gewinnchance beträgt also etwa 1 zu 14 Millionen.

Mannschaft besser ist als die andere, müßte man daher mindestens sechs Tore abwarten. Ist der Stand dann 6 zu 0, wäre das Spiel entschieden. Gelingt es der schwächeren Mannschaft jedoch, einen Gegentreffer zu erzielen, muß man warten, bis insgesamt neun Tore gefallen sind, denn erst bei einem Spielstand von 8 zu 1 ist das Ergebnis wieder signifikant und, wenn es zu zwei Gegentreffern kommen sollte, gar erst bei 10 zu 2. Damit auch Tischtennisspieler, Handballer und Basketballfreunde die Signifikanz ihrer Spiele einschätzen können, haben wir die nachstehende Tabelle angelegt. Je nach Gesamtzahl der Treffer muß sich die überlegene Partei einen gehörigen Vorsprung erarbeiten, damit der Sieg auch von Statistikern anerkannt wird. Dabei wächst die absolute Tordifferenz stetig, während das erforderliche Torverhältnis (Quotient) immer geringer wird (Tabelle 18).

Es ist offenbar überhaupt nicht praktikabel, so lange zu spielen, bis eine Begegnung signifikant entschieden ist. Viele Spiele würden dadurch endlos dauern – aber eines Tages würde man wissen, welche Mannschaften die signifikanten Gewinner und Verlierer sind. Damit wäre zumindest das Fußballtoto abgeschafft und vielleicht auch so manche Sportart, denn wer geht schon ins Fußballstadion, zum Pferderennen oder zum Boxen, wenn die Sieger im voraus mit 95prozentiger Sicherheit feststehen?

Die Bundesliga
Vierfeldertest im Fußball

In der Fußballbundesliga wird Jahr für Jahr der Deutsche Meister bestimmt. In jeder Saison treten alle Mannschaften zweimal gegeneinander an. Da in der Bundesliga achtzehn Vereine spielen, sind dies für jeden von ihnen 34 Begegnungen.[5] Bei so vielen Spielen las

---

5 Jeder Verein spielt gegen die siebzehn anderen Vereine zwei Spiele.

Tabelle 18: Signifikante Sportergebnisse. Angegeben ist die Anzahl der Ereignisse (Fehler, Tore, Körbe) und nicht die damit erhaltenen Punkte. Jeweils extremere Verhältnisse sind natürlich auch signifikant, mit 18 zu 7 zum Beispiel auch 19 zu 7 und 18 zu 6.

Anzahl der Ereignisse	Signifikante Verhältnisse	Quotient	Differenz
6	6:0	∞	6
9	8:1	8	7
12	10:2	5	8
15	12:3	4	9
17	13:4	3,25	9
20	15:5	3	10
25	18:7	2,6	11
30	21:9	2,3	12
40	27:13	2,1	14
50	33:17	1,94	16
60	39:21	1,86	18
70	44:26	1,69	18
80	50:30	1,67	20
90	55:35	1,57	20
100	61:39	1,56	22
200	115:85	1,35	30

sen sich auch dann statistisch signifikante Ergebnisse erzielen, wenn nicht jedes einzelne signifikant ist. Unserer Forderung, daß medizinisch-wissenschaftliche Ergebnisse durch Reproduzieren überprüft werden müssen, entspricht die Bundesliga zumindest tendenziell. Die folgende Tabelle zeigt den Schlußstand der Bundesliga im Mai 1996, als Borussia Dortmund den Titel errang.

Tabelle 19: Tabelle der Deutschen Fußballbundesliga nach Ende der Saison 1995/96

Verein	Gewonnen	Unentschieden	Verloren	Punkte
Borussia Dortmund	19	11	4	68
Bayern München	19	5	10	62
Schalke 04	14	14	6	56
Borussia Mönchengladbach	15	8	11	53
Hamburger SV	12	14	8	50
FC Hansa Rostock	13	10	11	49
Karlsruher SC	12	12	10	48
TSV München 1860	11	12	11	45
Werder Bremen	10	14	10	44
VfB Stuttgart	10	13	11	43
SC Freiburg	11	9	14	42
1. FC Köln	9	13	12	40
Fortuna Düsseldorf	8	16	10	40
Bayer 04 Leverkusen	8	14	12	38
FC St. Pauli	9	11	14	38
1. FC Kaiserslautern	6	18	10	36
Eintracht Frankfurt	7	11	16	32
KFC Uerdingen	5	11	18	26

Für jedes gewonnene Spiel gibt es drei Punkte und für ein Unentschieden einen Punkt. Diese Regeln sind jedoch recht willkürlich. Vor nicht allzu langer Zeit gab es für einen Sieg lediglich zwei Punkte. Um offensiven Fußball zu fördern und Null-zu-null-Strategen auszubremsen, wurde die Siegpunktzahl von zwei auf drei erhöht.

Diese Überlegungen, die den Fußball für die Zuschauer spannender gestalten und damit auch die Einnahmen erhöhen sollen, müssen wir außer acht lassen. Für statistische Erwägungen fällt nur die Anzahl der gewonnenen beziehungsweise verlorenen Spiele ins Gewicht. Bei den folgenden Betrachtungen zählen wir Begegnungen, die unentschieden enden, als halb gewonnen und halb verloren.

Mit Hilfe des Vierfeldertests (Seite 49) können wir nun feststellen, welche Vereine sich statistisch signifikant unterscheiden. Die brennendste aller Fragen lautet natürlich: Hat der Deutsche Meister Borussia Dortmund wirklich besser als Bayern München gespielt? – Wer das behauptet, der irrt sich mit einer Wahrscheinlichkeit von 44 Prozent.[6] Die Mannschaft von Borussia Dortmund hat also eine gute Portion Glück gehabt, als sie den Meistertitel errang.

Von besonderer Bedeutung nicht nur für die Hamburger Szene ist die Feststellung, daß die Rangfolge von HSV und FC St. Pauli in der Bundesligatabelle von 1995/96 nicht allein durch Fußballkönnen zustande gekommen ist. Mit einer Wahrscheinlichkeit von immerhin 28 Prozent wird der HSV irrtümlich für die überlegene Mannschaft gehalten.[7]

6	Gewonnen	Verloren	Summe
Borussia Dortmund	24,5	9,5	34
Bayern München	21,5	12,5	34
Summe	46,0	22,0	68

$$\chi^2 = \frac{67 \times (24{,}5 \times 12{,}5 - 21{,}5 \times 9{,}5)^2}{46 \times 22 \times 34 \times 34} = 0{,}60 < 3{,}84$$

Daraus ergibt sich ein Fehler erster Art von 44 Prozent (p-Wert = 0,44; Anhang IV).

7	Gewonnen	Verloren	Summe
HSV	19	15	34
FC St. Pauli	14,5	19,5	34
Summe	33,5	34,5	68

$$\chi^2 = \frac{67 \times (19{,}5 \times 19 - 15 \times 14{,}5)^2}{33{,}5 \times 34{,}5 \times 34 \times 34} = 1{,}17 < 3{,}84.$$

Daraus ergibt sich ein Fehler erster Art von 28 Prozent (p-Wert = 0,28; Anhang IV).

Auf der Suche nach einem signifikanten Bundesligaergebnis mußten wir den Deutschen Meister Borussia Dortmund gegen den Tabellenzehnten VfB Stuttgart im Vierfeldertest antreten lassen.[8] Daß der Deutsche Meister in der Saison 1995/96 nur zufällig besser gespielt hat als der Tabellenzehnte, hat eine Wahrscheinlichkeit von 4,9 Prozent. Der Tabellenerste ist dem Tabellenzehnten damit statistisch signifikant überlegen.

In Anbetracht solcher Berechnungen wird deutlich, warum es in der Bundesliga immer wieder zu «Überraschungen» kommt und es Abstiegskandidaten gelingt, den jeweils aktuellen Spitzenreiter zu schlagen. Aber auch wenn der Unterschied zwischen den Vereinen in der Bundesligatabelle statistisch signifikant ist, kann es zu einem unerwarteten Sieg eines Außenseiters kommen.

So geschah es am 4. November 1996: Nach der damals aktuellen Bundesligatabelle der Saison 1996/97 spielte der VfB Stuttgart signifikant besser als der FC St. Pauli. Trotzdem gelang den in der Abstiegszone kämpfenden St. Paulianern ein 2-zu-1-Sieg über den Spitzenreiter. Die Sportpresse feierte diesen Erfolg als große Überraschung. Aber war es das wirklich? Der Endstand von 2 zu 1 sagt (statistisch gesehen) nur wenig über die spielerische Leistung der beiden Vereine an diesem Novembertag aus. Selbst wenn man annimmt, daß der VfB im allgemeinen doppelt so gut spielt wie St. Pauli, ist dieser Sieg gar nicht so unwahrscheinlich. Vor der erwähnten Begegnung war das Torverhältnis beim VfB 33 zu 10, das heißt, 77 Prozent der gefallenen 43 Tore waren vom VfB geschos-

8	Gewonnen	Verloren	Summe
Borussia Dortmund	24,5	9,5	34
VfB Stuttgart	16,5	17,5	34
Summe	41,0	27,0	68

$$\chi^2 = \frac{67 \times (24{,}5 \times 17{,}5 - 16{,}5 \times 9{,}5)^2}{41 \times 27 \times 34 \times 34} = 3{,}87 > 3{,}84.$$

Daraus ergibt sich ein Fehler erster Art von 4,9 Prozent (p-Wert = 0,049; Anhang IV).

sen worden. Beim FC St. Pauli betrug es dagegen 16 zu 26; auf sein Konto gingen also lediglich 38 Prozent der 42 in seiner Gegenwart erzielten Tore. Das Verhältnis 77 Prozent zu 38 Prozent ≈ 2 besagt, daß der VfB insgesamt doppelt so gute Torchancen hat wie St. Pauli, also «doppelt so gut spielt». In der nachstehenden Tabelle finden Sie die Wahrscheinlichkeiten für alle Spielergebnisse mit insgesamt drei Treffern. Ein gefallenes Tor ist mit einer Wahrscheinlichkeit von 33 Prozent (= 0,33) ein St.-Pauli-Tor und mit einer Wahrscheinlichkeit von 67 Prozent (= 0,67) ein Treffer des VfB Stuttgart.

Tabelle 20 : Statistische Auswertung des Fußballspiels 1. FC St. Pauli gegen VfB Stuttgart am 4. November 1996

Spieler-ergebnis	Anzahl der Kombinationen	Wahrscheinlichkeit für Tore VfB Stuttgart	St. Pauli	Gesamt-wahr-scheinlich-keit
0:3	1	$0,67^0$	$0,33^3$	3,6 %
1:2	3	$0,67^1$	$0,33^2$	21,9 %
2:1	3	$0,67^2$	$0,33^1$	44,4 %
3:0	1	$0,67^3$	$0,33^0$	30,1 %

Entsprechend der Annahme, daß der VfB doppelt so gut spielt, ist ein 2-zu-1-Sieg für Stuttgart das wahrscheinlichste und damit am wenigsten erstaunliche Spielergebnis. Der «überraschende» Sieg des FC St. Pauli war aber so verblüffend nicht. Denn mit einer Wahrscheinlichkeit von immerhin 21,9 Prozent war das 1-zu-2-Ergebnis zu erwarten.

    Amüsant finden wir immer wieder die Kommentare der Sportjournalisten zu solchen «Überraschungsergebnissen». Für den unerwarteten Sieg gibt es immer einen «sachlichen» Grund: das Stimmungstief in der Mannschaft, die falschen Stollen des VfB, das

Matschwetter, das natürlich St. Pauli begünstigte (die kennen ja nichts anderes aus Hamburg) usw.

Derartige Begründungsversuche kommen uns sehr bekannt vor. Auch in den wissenschaftlichen Publikationen werden ellenlange Erklärungen für Resultate geliefert, die sehr gut auch rein zufällig aufgetreten sein können. In einem späteren Kapitel werden wir uns mit diesen «wissenschaftlichen» Erklärungen ausführlicher auseinandersetzen.

Bitte nehmen Sie diesen Ausflug in den Sport nicht allzu ernst. Die Vergleiche hinken bisweilen ein wenig, und die Angabe von Torwahrscheinlichkeiten ist ebenfalls sehr verwegen. Die Leistung einer Mannschaft hängt natürlich auch davon ab, ob sie auf dem «heimischen Rasen» spielt oder ob sie gerade in Führung ist.

Den letzten beißen die Hunde
Binomialverteilung light

Sport fördert die Gesundheit, aber auch die Medizin trägt dazu bei. Deshalb wenden wir uns jetzt der Abteilung für Herzchirurgie eines Krankenhauses zu. Deren neuer Chef hat sich das ehrgeizige Ziel gesetzt, in seiner Abteilung die niedrigste Mortalitätsrate für Bypass-Notoperationen in Deutschland zu erreichen, die zur Zeit etwa 15 Prozent beträgt. Deshalb testet er zunächst einmal die ihm unterstellten Ärzte ohne deren Wissen. Er sorgt dafür, daß jeder der acht Chirurgen in den ersten Wochen nach seinem Amtsantritt zehn Bypass-Notoperationen durchführt, und protokolliert die Ergebnisse. Bei einem gab es keinen einzigen Todesfall, bei vier Ärzten einen, bei zweien starben zwei Patienten und bei einem sogar vier.

Der neue Chef ernennt den ersten Arzt zum leitenden Oberarzt. Den letzten nimmt er beiseite und erklärt ihm, eine Mortalitätsrate

Tabelle 21: Verteilung der Todesfälle bei Bypass-Notoperationen

Anzahl der Todesfälle bei zehn Bypass-Notoperationen	Anzahl der Ärzte
0	1
1	4
2	2
3	0
4	1

von 40 Prozent sei mehr als doppelt so hoch wie der Durchschnitt und könne nicht geduldet werden. Er legt ihm nahe, zu gehen und sich einen anderen Job zu suchen, da er offenbar zum Herzchirurgen nicht tauge. Der betreffende Arzt gibt seine Stelle nicht freiwillig auf, ihm wird gekündigt, er wehrt sich und schaltet einen Anwalt ein.

Wie dieser erfundene Fall[9] juristisch ausgehen würde, entzieht sich mal wieder unserer Kenntnis. Trotzdem können wir einen Kommentar dazu abgeben, und der lautet: Was der Chefarzt mit seinen Kollegen praktiziert, wird seine Abteilung nicht voranbringen.

Das zur sachlichen Beurteilung des geschilderten «Tests» erforderliche Werkzeug heißt «Binomialverteilung». Im nächsten Abschnitt finden Sie dazu eine ausführliche Darstellung. Doch zunächst machen wir ein kleines Experiment mit bunten Schokolin-

9 Das Beispiel ist ausgedacht. Während der Fertigstellung dieses Buches wurde unsere Phantasie von der Realität überholt. Das *British Medical Journal* (314; 1997, S. 73 f.) berichtet, daß das New York State Department of Health ein Gesetz erlassen hat, in dem die Mortalitätsraten mit Namensnennung der jeweiligen Chirurgen veröffentlicht werden müssen. Es wird zu Recht beklagt, daß die sich ergebende Qualitätsrangfolge der Chirurgen, zum Beispiel bei Bypass-Operationen, mit sehr großer statistischer Unsicherheit behaftet ist, weil die ermittelten Mortalitätsraten auf zu kleinen Zahlen beruhen.

sen, das es ermöglicht einzuschätzen, ob die Entlassung des Arztes gerechtfertigt ist.

Für den Versuch benötigen Sie eine Familienpackung bunter smarter Schokolinsen. Geben Sie sie in ein großes Gefäß, und entnehmen Sie diesem Vorrat mit geschlossenen Augen zehn Stück. Bei unserer Packung war etwa ein Siebtel der Linsen rot (das heißt rund 15 Prozent, wie die Mortalitätsrate bei den Bypass-Notoperationen). Jeder Patient wird in diesem Versuch durch eine Schokolinse dargestellt. Die roten symbolisieren die Fehlschläge der Operation. Am besten verwenden Sie die folgende Strichliste. Wenn unter Ihren Schokolinsen beispielsweise zwei rote sind, machen Sie bei «2» einen Strich. Sollten Sie nicht gerade eine Mega-Familienpackung gekauft haben, müssen Sie die herausgenommenen Schokos, auch wenn es schwerfällt, leider wieder zurücklegen und gut untermischen. Jetzt entnehmen Sie wieder zehn Linsen und notieren die Anzahl der roten Exemplare. Das Ganze wiederholen Sie bitte fünfundzwanzigmal.

Es wird Sie sicher nicht wundern, daß Sie nicht jedesmal dieselbe Anzahl roter Linsen gezogen haben. Falls in Ihrer Packung der Anteil roter Linsen ebenfalls etwa ein Siebtel ist, dann wird das dabei entstehende Bild wahrscheinlich dem Histogramm in Tabelle 22 ähneln.

Die rechte Spalte gibt die erwartete Häufigkeit in Prozent an, wie man sie mit Hilfe der Binomialverteilung berechnen kann. Im Durchschnitt erwarten wir also in 19,7 Prozent der Ziehungen (also in jeder fünften) keine einzige rote Schokolinse, während wir in 34,7 Prozent mit einer rechnen können usw. Vier oder sogar noch mehr rote Schokolinsen erhalten wir in rund 5 Prozent der Fälle, also etwa bei jedem zwanzigsten Versuch.

Zurück zu unserem gekündigten Arzt. Umgedeutet zeigt das Schokolinsen-Experiment, daß seine vier Fehlschläge auch Zufall gewesen sein könnten. Wenn man annimmt, daß alle acht Ärzte exakt gleich gut operieren (so wie wir jedesmal gleich gut zehn Schokolinsen ziehen), und die Anzahl der überprüften Ärzte berücksichtigt, dann wird es bei jeder dritten Untersuchung dieser Art

Tabelle 22: Schokolinsensimulation der Ergebnisse von Bypass-Notoperationen

Anzahl roter Linsen unter zehn gezogenen	Ihre Strich-liste	Unsere Strich-liste	Erwarteter Anteil bei 15 % roten Linsen	
0	_____	|||||	19,7	
1	_____	|||||||||	34,7	
2	_____	|||||||	27,6	
3	_____	|||	13,0	
4	_____	|	4,01	
5	_____		0,849	
6	_____		0,125	
7	_____		0,0126	5,00 %
8	_____		0,000833	
9	_____		0,0000327	
10	_____		0,000000577	

mindestens einen Fall geben, bei dem es zu vier oder mehr Fehlschlägen kommt.[10]

Die Strategie des Chefarztes entspricht dem Vorgehen eines den Autoren recht gut bekannten zehnjährigen Jungen, der im Spielzeuggeschäft alle verfügbaren Würfel dreimal warf und dann die beiden kaufte, die jedesmal eine Sechs ergeben hatten. Später entpuppten sich seine «Zauberwürfel» als völlig normal.

10 Die Wahrscheinlichkeit für null oder einen oder zwei oder drei Fehlschläge beträgt (entsprechend Tabelle 22) 0,197 + 0,347 + 0,276 + 0,130 = 0,95. Die Wahrscheinlichkeit für vier oder mehr Fehlschläge liegt damit bei 1 − 0,95 = 0,05. Das ist das Risiko des einzelnen Chirurgen. Der Chef hat aber acht getestet. Die Wahrscheinlichkeit, daß alle acht Chirurgen drei oder weniger Fehlschläge verzeichnen, beträgt $0,95^8$ = 0,66. Also ist die Wahrscheinlichkeit, daß mindestens einer vier oder mehr Fehlschläge aufweist, 1 − 0,66 = 0,34 = 34 Prozent.

Der zarteste Versuch, seit es Schokolade gibt
Binomialverteilung heavy

Wir werden unser Schokolinsen-Experiment jetzt verallgemeinern. Sie können diesen Abschnitt überspringen, falls die Formeln Sie abschrecken.

Wie groß ist die Wahrscheinlichkeit, bei Entnahme von n Schokolinsen aus einem Topf mit (unendlich) vielen roten und andersfarbigen Linsen eine bestimmte Anzahl roter zu ziehen? Diese trockene Frage kann ganz allgemein beantwortet werden. Die Antwort gibt eine mathematische Formel mit dem Namen «Binomialverteilung». Der Anteil der roten Linsen und damit die Wahrscheinlichkeit, eine solche zu ziehen, wird mit p bezeichnet. Die Wahrscheinlichkeit, an eine andersfarbige zu geraten, ist dann 1 – p.

Ohne hinzusehen, werden n = 5 Schokolinsen entnommen. Wie groß ist die Wahrscheinlichkeit, daß zwei rot und die übrigen andersfarbig sind? Dazu werden die Einzelwahrscheinlichkeiten multipliziert:

$$p \times p \times (1 - p) \times (1 - p) \times (1 - p) = p^2 \times (1 - p)^3$$

Wenn 15 Prozent der Linsen rot sind (p = 0,15), erhält man

$$(0,15)^2 \times (0,85)^3 = 0,0138$$

für die Wahrscheinlichkeit, zwei rote und drei andersfarbige zu ziehen. Aus dem Abschnitt «Tischfußball» wissen wir, daß es dafür

$$\binom{n}{k} = \binom{5}{2} = \frac{5!}{3! \times 2!} = 10$$

Möglichkeiten gibt. Daraus folgt, daß die Wahrscheinlichkeit für zwei rote und drei andersfarbige Schokolinsen in einer *beliebigen* Reihenfolge

$$10 \times 0,0138 = 0,138 = 13,8 \text{ Prozent}$$

beträgt. Ganz allgemein ergibt sich folgende Gleichung, eben die Binomialverteilung:

$$P(n,k) = \binom{n}{k} \times p^k \times (1 - p)^{n-k}$$

Dabei ist p der Anteil roter Schokolinsen, n die Gesamtzahl der gezogenen Linsen, k die Anzahl der gezogenen roten und P(n,k) die Wahrscheinlichkeit, daß sich unter n Schokolinsen k rote befinden.

Die Wahrscheinlichkeit, daß genau eine von zehn gezogenen Schokolinsen rot ist, beträgt

$$P(10,1) = \binom{10}{1} \times 0,15^1 \times (1 - 0,15)^{10-1} = \frac{10!}{9! \times 1!} \times 0,15 \times 0,85^9 = 0,347 = 34,7 \text{ Prozent}$$

Wenn jemand aus einem Topf verschiedenfarbiger Schokolinsen auf Anhieb zehn rote herausgreift, dann liegt es nahe, daß er geschummelt hat. Intuitiv ist klar, daß zehn rote extrem unwahrscheinlich sind, wenn auch nicht unmöglich. Mit der obigen Formel kann die Wahrscheinlichkeit berechnet werden (n = 10, k = 10, p = 0,15):

$$P(10,10) = \binom{10}{10} \times 0,15^{10} \times (1 - 0,15)^{10-10} = \frac{10!}{10! \times 0!} \times 0,15^{10} \times 0,85^0 = 1 \times 0,15^{10} \times 1$$

$$= 5,8 \times 10^{-9} \approx 1/170\,000\,000.$$

In Worten: Wenn der Anteil der roten Schokolinsen 15 Prozent beträgt, dann ist die Wahrscheinlichkeit, daß alle zehn entnommenen Linsen rot sind, etwa zwölfmal geringer als sechs Richtige im Lotto.

Wer zehn rote Schokolinsen herausgreift, hat nach irdischem Ermessen geschummelt, *oder* sie stammen aus einer anderen Grundgesamtheit, das heißt aus einer Spezialpackung, die einen sehr hohen Anteil roter Linsen enthält. Auf den Vergleich von Therapien oder ähnliches angewandt, bedeutet dies, daß sich die Zehn-rote-Schokolinsen-Therapie *grundsätzlich* von den anderen unterscheidet und sie zu einer echten Erhöhung der Erfolgsquote führt. Die Möglichkeit, daß die Erhöhung zufällig ist, können wir schon rein intuitiv verwerfen. Allerdings verläßt uns die Intuition, wenn auf Anhieb nur sechs oder fünf rote Schokolinsen gezogen werden. Da hilft nur nachrechnen, zum Beispiel mit dem Vierfeldertest.

Keine Schwalbe macht noch keinen Herbst
Statistik seltener Ereignisse

Nach dem hoffentlich mißglückten Versuch, seinen «schlechtesten» Herzchirurgen vor die Tür zu setzen, widmet sich der (ausgedachte) neue Chef der Entwicklung einer neuen Technik für Bypass-Operationen in ausgewählten Fällen. Im Gegensatz zu den Notfalloperationen ist das Mortalitätsrisiko hier deutlich geringer, es beträgt etwa 2 Prozent. Die neue Technik wird an einhundert Patienten ausprobiert, und erfreulicherweise ist kein einziger Todesfall zu beklagen. Der Chefarzt wendet sich stolz an die Öffentlichkeit und fordert bei einer vielbesuchten Pressekonferenz, daß dieses neue Verfahren nun in allen Kliniken eingeführt werden müsse, da es nachweislich besser sei als das alte, an Zigtausenden von Patienten erprobte Verfahren. Stimmen Sie ihm zu?

Es gibt mehrere Möglichkeiten, diese Frage sachlich zu entscheiden. Einerseits können wir wieder wie im obigen Beispiel die Binomialverteilung einsetzen. Die Wahrscheinlichkeit, daß bei einer Fehlschlagquote von 2 Prozent in einhundert aufeinanderfolgenden Fällen kein einziger Todesfall auftritt, beträgt dann 13 Prozent.[11] Bei einem so hohen Wert kann es sich auch gut um einen

---

11 Die für die Gleichung benötigten Werte sind in diesem Fall: $p = 0,02$, $n = 100$, $k = 0$. Einsetzen in die Gleichung der Binomialverteilung (Seite 109) ergibt: $P(n,k) = P(100,0) = [100! / (0! \times 100!)] \times 0,02^0 \times 0,98^{100} = 1 \times 1 \times 0,13 = 0,13 = 13$ Prozent.

Zufallstreffer handeln. Das Ergebnis ist bei weitem nicht signifikant, denn dafür muß, wie wir wissen, die Fünfprozentmarke unterschritten werden.

Eine andere Möglichkeit besteht darin, Tabelle 42 im Anhang II zu verwenden. Sie gibt an, wie viele Patienten mindestens erforderlich sind, um sicherzustellen, daß eine bestimmte Fehlschlagquote nicht überschritten wird. Ihr zufolge bedeuten die einhundert erfolgreichen Eingriffe lediglich, daß die wahre Häufigkeit mit 95 prozentiger Wahrscheinlichkeit kleiner als 3 Prozent ist. Die Anzahl der Patienten reicht also noch nicht aus, um zu zeigen, daß die Häufigkeit wirklich die üblichen 2 Prozent unterschreitet. Hierzu müßten entsprechend der Tabelle mehr als 150 Patienten ohne einen einzigen Todesfall behandelt worden sein.

Zurück zum Sport. Trainer Franzl Brantwein steht vor der Frage, seinen Torhüter Rudi Althaas durch das Nachwuchstalent Jan Jungspunt abzulösen. Althaas ließ in zweihundert brenzligen Situationen zwanzig Bälle durch (10 Prozent), während Jungspunt bei vierzig ernsten Bedrohungen nur dreimal danebengriff (7,5 Prozent). Wiederum mit der Tabelle 42 können wir Franzl helfen: Mit 95 Prozent Wahrscheinlichkeit läßt Althaas weniger als 15 und Jungspunt weniger als 19 Prozent der bedrohlichen Schüsse ins Tor. Jungspunt muß sich also noch etwas bewähren.

Im Nebel nach Überseh
Der Fehler zweiter Art

> Wenn man im Nebel nichts sieht,
> heißt das noch lange nicht, daß da nichts ist.
> *Käptn Piepenbrink*

Eine weitere bedeutende und häufig unterschätzte oder vernachlässigte Quelle für Fehlschlüsse trägt den etwas phantasielosen Namen «Fehler zweiter Art». Der Fehler erster Art entspricht dem Versehen eines Feuermelders, der Alarm schlägt, obwohl es gar nicht brennt. Einen Fehler zweiter Art begeht ein Feuermelder, der trotz eines Feuers *keinen* Alarm auslöst. Ein sehr ähnlicher Sachverhalt taucht auch in der Rechtsprechung auf.

Will man vermeiden, einen Unschuldigen irrtümlich schuldig zu sprechen, dann muß man sehr hohe Anforderungen an die Glaubwürdigkeit der Zeugen und die Beweiskraft von Indizien stellen. Damit wächst jedoch zwangsläufig das Risiko, daß tatsächliche Verbrecher nicht überführt werden können und weiterhin frei herumlaufen. Möchte man hingegen vermeiden, daß auch nur ein einziger tatsächlicher Verbrecher irrtümlich freigesprochen wird, gilt es, die Ansprüche an die Zeugen und Indizien zu reduzieren. Damit ist aber unvermeidbar verbunden, daß auch einige Unschuldige eingesperrt werden. Offensichtlich kann man nicht beide Risiken gleichzeitig verringern.

In der Forschung entspricht dem unschuldig Eingesperrten ein zufällig signifikantes Ergebnis. Mit diesem «Fehler erster Art» haben wir uns ausführlich befaßt. Dem irrtümlich freigesprochenen Verbrecher entspricht ein tatsächlich vorhandenes bedeutsames Ergebnis, das in einer Studie zufällig übersehen wird.

Der Übersehfehler
Fehler zweiter Art

Nehmen wir an, bei einer bestimmten Erkrankung gelingt es mit Hilfe einer langjährig bewährten Behandlungsmethode, 60 bis 70 Prozent der Patienten zu heilen. Allerdings ist sie leider mit zwar vorübergehenden, aber doch sehr unangenehmen Nebenwirkungen verbunden. Ein Ärzteteam entwickelt nun eine neue Therapie, die den Patienten die scheußlichen Begleiterscheinungen erspart. Um zu prüfen, ob sich die Heilungsergebnisse der beiden Methoden unterscheiden, geht eine klinische Studie in Auftrag, in der die Patienten, aufgeteilt in zwei Gruppen, entweder mit dem alten oder dem neuen Verfahren behandelt werden. Die folgende Tabelle zeigt zwei mögliche Ergebnisse.[1]

Tabelle 23: Mögliche Ergebnisse einer klinischen Studie

	Alte Therapie	Neue Therapie	Irrtums-wahrscheinlich-keit[1]
Beispiel 1	19 von 30 geheilt = 63 Prozent	11 von 30 geheilt = 37 Prozent	4 Prozent (p = 0,04), also signifikant
Beispiel 2	19 von 30 geheilt = 63 Prozent	12 von 30 geheilt = 40 Prozent	7 Prozent (p = 0,07), also nicht signifikant

In beiden Beispielen schneidet die neue Therapie schlechter ab als die alte. Im ersten ist der Unterschied signifikant, denn die Irrtums-wahrscheinlichkeit beträgt 4 Prozent, ein Umstand, den die Spra-

1 Die Berechnung erfolgte wieder mit dem Vierfeldertest.

che der Wissenschaft als p = 0,04 ausdrückt. Im zweiten Beispiel wurde mit der neuen Methode nur ein Patient mehr geheilt als im ersten. Die beiden Therapien unterscheiden sich nun nicht mehr signifikant (p = 0,07). Es wäre aber ein Fehlschluß, in diesem Fall zu behaupten, die alte und die neue Therapie seien gleichwertig. Wer keinen signifikanten Unterschied findet, beweist damit nicht, daß überhaupt kein Unterschied vorhanden ist. Wenn man beim Angeln nichts fängt, heißt das noch lange nicht, daß im Teich keine Fische sind. Dieser Umstand wird bei klinischen Untersuchungen häufig nicht beachtet.

Abbildung 20: Kein Fisch weit und breit (Fehler zweiter Art). Der Angelwurm befindet sich im letzten Absatz des Kapitels «Schwamm ist ein vorzügliches Material ...»

Jubiläum eines beliebten Irrtums
Verbreitung und Resistenz des Fehlers zweiter Art
in der medizinischen Literatur

> Man soll keine Dummheit zweimal begehen,
> die Auswahl ist schließlich groß genug.
> *Jean-Paul Sartre*

J. A. Freiman und Mitarbeiter haben bereits vor zwanzig Jahren darauf hingewiesen, wie weit verbreitet der Fehlschluß «Wo kein signifikanter Unterschied gefunden wird, da ist auch kein Unterschied» in der medizinischen Forschung ist (Freiman et al. 1992). Sie untersuchten 71 Studien aus den Jahren 1960 bis 1977, in denen jeweils zwei Behandlungen verglichen und keinerlei signifikante Unterschiede festgestellt worden waren. Die Studien waren in den angesehensten internationalen Medizin-Zeitschriften, zum Beispiel *Lancet* oder *New England Journal of Medicine*, erschienen. In fast allen geprüften Fällen (94 Prozent) überstieg die Wahrscheinlichkeit, eine 25prozentige Verbesserung oder Verschlechterung der Heilungsrate zu übersehen, die Zehnprozentmarke. In 70 Prozent der Arbeiten lag die Chance, daß ein Unterschied von 50 Prozent (!) unbemerkt geblieben war, höher als 10 Prozent. 15 Prozent der betrachteten Studien waren vorzeitig abgebrochen worden.

Diese 1978 publizierte Bilanz wurde bis 1988 fast jede Woche einmal in wissenschaftlichen Arbeiten zitiert, insgesamt 429mal. Zehn Jahre später wiederholten Freiman und Mitarbeiter das gleiche Spiel an 65 aus den Jahren 1977 bis 1987 stammenden Studien, die ebenfalls auf keine signifikanten Unterschiede gestoßen waren. Das Ergebnis glich in seinen Werten dem vorherigen, war aber noch erschütternder, denn offensichtlich hatte aus der ersten Publikation trotz der zahlreichen Zitate niemand etwas dazugelernt.

Die jeweiligen Autoren, denen mit großer Wahrscheinlichkeit wichtige Veränderungen in ihren Studien entgangen waren, interpretierten ihre negativen Ergebnisse voreilig als Beweis für die «Gleichheit» der untersuchten Behandlungen. Es ist jedoch grundsätzlich unmöglich, die Gleichheit zweier Therapien nachzuweisen. Man kann lediglich ausschließen, daß sich die Behandlungsergebnisse um mehr als einen vorgegebenen Prozentsatz unterscheiden, und dies auch nur mit einer gewissen Irrtumswahrscheinlichkeit, eben der für den Fehler zweiter Art.

Die Sichtverderber
Wovon der Fehler zweiter Art abhängt

Die Wahrscheinlichkeit, einen tatsächlich vorhandenen Unterschied zu übersehen, hängt von drei Dingen ab: 1. seiner Größe, 2. der Wahrscheinlichkeit für den Fehler erster Art und 3. der Anzahl der Patienten in der Studie.

Es ist einleuchtend, daß die Größe des tatsächlichen Unterschieds eine entscheidende Rolle beim Übersehfehler spielt. Eine Differenz von 10 Prozent bleibt eher unbemerkt als eine von 50 Prozent.

Die gegenseitige Abhängigkeit der Irrtumswahrscheinlichkeiten für den Fehler erster und zweiter Art liegt nicht so unmittelbar auf der Hand. Aber das Rechtsprechungsdilemma hat uns bereits darauf eingestimmt, daß man immer nur einen von ihnen minimieren kann.

Im Beispiel 2 der Tabelle 23 scheitert das Aufdecken des immerhin 23prozentigen Unterschiedes zwischen alter und neuer Therapie an der Fünfprozenthürde für den Fehler erster Art. Wir übersehen ihn, weil er nicht signifikant ist. Hätten wir uns (vor Beginn der Studie!) auf eine Irrtumswahrscheinlichkeit von 10 Prozent geeinigt, wäre Beispiel 2 ebenfalls signifikant gewesen, und uns wäre die Differenz nicht entgangen. Mit anderen Worten: Wenn wir eine höhere Wahrscheinlichkeit für das Auftreten des Fehlers erster Art akzeptieren, verringern wir die Wahrscheinlichkeit, daß es zu Fehlern zweiter Art kommt, und umgekehrt.

Daß zum dritten die Anzahl der Patienten in einer Studie von Bedeutung ist, entspricht unserer Intuition. Einer Erhebung mit fünfhundert Patienten trauen wir mehr zu als einer mit nur fünf. Bei insgesamt fünf Patienten macht ein einzelner von ihnen bereits 20 Prozent des Kollektivs aus. Damit kann man ganz sicher keine zehnprozentigen Unterschiede aufdecken. Die für eine Studie benötigte Patientenzahl läßt sich mit statistischen Methoden berechnen. Das ist jedoch relativ kompliziert und ergibt, selbst wenn man nur den häufigsten Fragestellungen gerecht werden will, ein umfangreiches Tabellenwerk. Wir begnügen uns hier mit einer übersichtlichen Darstellung und einer Faustformel, die aber lediglich grobe Abschätzungen erlauben.

Tabelle 24: Grobe Näherung für die Anzahl der benötigten Patienten, um einen vorgegebenen Unterschied zwischen zwei Therapiemodalitäten feststellen zu können. Die Patienten müssen 1 zu 1 aufgeteilt werden. Vorgaben: Fehler erster Art 5 Prozent; Fehler zweiter Art 20 Prozent. Bei sehr hohen und sehr kleinen Heilungsraten ist diese Tabelle ungenau (Sylvester 1989).

Unterschied zwischen den Heilungsraten (in Prozent)	Anzahl der benötigten auswertbaren Patienten
5	2800
10	720
15	320
20	180
25	120

Die erste Spalte der Tabelle gibt an, welchen Unterschied in den Heilungsraten wir mit der jeweils in der zweiten Spalte angegebenen Patientenzahl erkennen können. Für 5 Prozent Unterschied sind 2800 Patienten erforderlich, aber es genügen bereits 120 Patienten, wenn die Differenz der Heilungsraten 25 Prozent beträgt.

Die Tabelle wurde für eine fünfprozentige Wahrscheinlichkeit des Fehlers erster und eine zwanzigprozentige Wahrscheinlichkeit des Fehlers zweiter Art berechnet. In der medizinischen Forschung werden diese Wahrscheinlichkeiten als ausreichend akzeptiert, wenn auch, wie erwähnt, nur sehr selten eingehalten. Würden Sie einen Feuermelder kaufen, der eine Fehlalarmquote von 5 Prozent hat und der bei 20 Prozent der Brände keinen Alarm schlägt?

Mit Tabelle 24 bewaffnet, wird bei der Durchsicht der aktuellen medizinischen Literatur schnell deutlich, daß die meisten klinischen Untersuchungen mit negativem Ergebnis wertlos sind – nicht wegen des negativen Ergebnisses, sondern weil selbst die größeren und wichtigen Studien selten mehr als insgesamt 320 Patienten einbeziehen.[2] Bei einer Vorgabe von 20 Prozent für den Fehler zweiter Art werden mit diesen Patientenzahlen in jeder fünften Studie nicht gerade unerhebliche Unterschiede von immerhin 15 Prozent übersehen.

Vielseitiger für die Abschätzung von Patientenzahlen ist die im Folgenden beschriebene Faustformel, die wir gleich an einem Beispiel aus dem Straßenverkehr ausprobieren. Die Anwohner eines verkehrsberuhigten Stadtgebiets beschweren sich seit vielen Jahren über die große Anzahl von Autofahrern, die trotz Tempobegrenzung mit überhöhter Geschwindigkeit durch die Straße brettern und das Leben der dort spielenden Kinder gefährden. Nachdem die Tochter eines Politikers mit ihrer Familie in die Straße gezogen ist,

---

2 Im Rahmen einer Untersuchung auf einem Spezialgebiet der Radioonkologie (Beck-Bornholdt et al. 1997) konnten wir feststellen, daß von den vierzehn in der Literatur existierenden randomisierten Studien zwei weniger als 120 Patienten, drei zwischen 120 und 180 und fünf zwischen 180 und 320 Patienten untersucht haben. Die größte Studie wies insgesamt 509 Patienten auf, also deutlich weniger als die 720, die erforderlich wären, um einen Unterschied von 10 Prozent mit 80prozentiger Sicherheit nachweisen zu können.

werden diese Beschwerden durch eine stichprobenartige Radarkontrolle von der Polizei überprüft und bestätigt. Insgesamt 39 von 121 (= 32 Prozent) der kontrollierten Fahrzeuge sind zu schnell gefahren. Die nun heftiger vorgetragenen Forderungen der Anwohner nach wirkungsvollen Maßnahmen nutzt die Regierungspartei, um Wähler zu gewinnen. Sie startet eine aufwendige Aufklärungskampagne und läßt neue Verkehrsschilder aufstellen. Die Politiker hoffen, daß sie dadurch den Anteil der Raser auf die Hälfte haben senken können, und wollen dies nun durch eine erneute Geschwindigkeitskontrolle überprüfen lassen. Dabei machen ihnen allerdings zwei Befürchtungen zu schaffen: Zu ausgedehnte Kontrollen sind teuer und verschlechtern die Laune der Autofahrer, was sicherlich einen Stimmenverlust bedeutet. Andererseits sollen auch nicht zu wenige Fahrzeuge kontrolliert werden, da dann der erwünschte Erfolg zufällig übersehen werden könnte. Auch das würde Wählerstimmen kosten.

Wir können diesen um Optimierung bemühten Politikern mit einer Faustformel zur Berechnung der Anzahl von Autofahrern helfen, die man mindestens kontrollieren muß, um die ganze Aktion am Ende auch statistisch aussagekräftig zu machen. In der Formel heißen Fahrzeuge mit überhöhter Geschwindigkeit «Versager», die anderen «Erfolg». Zu der Versagerrate von 32 Prozent bei der ersten Verkehrskontrolle gehört die Erfolgsrate von $100 - 32 = 68$ Prozent; dem erhofften 16prozentigen Versageranteil nach der Kampagne stehen 84 Prozent Erfolge gegenüber. Die Formel für die Anzahl der zu untersuchenden Fahrzeuge pro Gruppe lautet (Gore 1995):

$$\text{Anzahl pro Gruppe} = 8 \times \frac{(\text{Erfolgsrate A} \times \text{Versagerrate A}) + (\text{Erfolgsrate B} \times \text{Versagerrate B})}{(\text{Erfolgsrate A} - \text{Erfolgsrate B})^2}$$

Diese Formel bezieht sich auf Studien mit Quoten von 5 Prozent für den Fehler erster und von 20 Prozent für den Fehler zweiter Art. Wenn also nach der Aufklärungskampagne ein tatsächlicher

Unterschied von 16 Prozent im Vergleich zur Zeit davor besteht, dann können wir ihn mit 80prozentiger Sicherheit und einer Irrtumswahrscheinlichkeit von 5 Prozent nachweisen, sofern folgende Anzahl von Fahrern kontrolliert wird:

$$\text{Anzahl pro Gruppe} = 8 \times \frac{(68 \times 32) + (84 \times 16)}{(68 - 84)^2} = 8 \times \frac{3520}{256} = 110$$

Pro Gruppe müssen also mindestens 110 Fahrzeuge gemessen werden. Wenn die Anzahl nur halb so groß ist wie mit der Formel berechnet, dann beträgt die mögliche Quote für den Fehler zweiter Art bereits 50 Prozent. Eine Untersuchung von weniger als 55 Autos pro Gruppe führt also dazu, daß ein tatsächlich vorhandener Effekt der Aufklärungskampagne und der zusätzlichen Verkehrsschilder mit einer Wahrscheinlichkeit von mehr als 50 Prozent übersehen wird.

Zusammenfassend halten wir fest: Kleine Unterschiede sind schwer nachweisbar; kleine Fallzahlen machen Untersuchungen zum Glücksspiel; ein zu klein gewählter Fehler erster Art kann relevante Unterschiede verdecken.

(Un)heimliche Verluste
Die weitreichenden Konsequenzen des Fehlers
zweiter Art

Bei der Behandlung von Brustkrebs sind in den letzten Jahren große Fortschritte erzielt worden. Zu den ersten Erfolgen führte eine sehr radikale Operation, bei der man nicht nur die Brust, sondern auch den darunterliegenden Muskel entfernte. Zwar konnte durch diese Behandlung ein großer Anteil der Patientinnen geheilt werden, aber die damit verbundene Verstümmelung stellte für sie eine erhebliche Belastung dar. Deshalb hat man nach weniger aggressiven Behandlungen gesucht. Zunächst verzichtete man auf die Entfernung des Muskels. Daran schloß sich eine Phase an, in der nur ein Quadrant, das heißt ein Viertel der Brust, entfernt und das umliegende Gewebe zusätzlich bestrahlt wurde. Zur weiteren Verbesserung der kosmetischen Ergebnisse folgten Untersuchungen, die zeigen konnten, daß eine operative Entfernung des Tumors mit einem relativ kleinen Sicherheitssaum und einer anschließenden Bestrahlung die Heilungserfolge nicht beeinflußte. Heute laufen zahlreiche Erhebungen mit dem Ziel, nun auch auf die Strahlenbehandlung zu verzichten.

Der Haken bei der statistischen Überprüfung des geschilderten Ablaufs besteht darin, daß bei jedem Vergleich möglicherweise kleine Verschlechterungen der Heilungsrate übersehen werden. Diese heimlichen Verluste könnten sich dann unbemerkt zu einem unbefriedigenden Endergebnis aufaddieren. Das Problem erinnert ein wenig an das Kletterseil im Kapitel «Mit der Schrotflinte in den Porzellanladen» und läßt sich durch ein Würfelexperiment veranschaulichen (Tabelle 25).

Nehmen wir an, eine bestimmte Therapie I führe zur Heilung von 83 Prozent der Patienten. Dies können wir mit einem Würfel einfach simulieren: Die Zahlen von eins bis fünf entsprechen einem Erfolg, nur die Sechs ist ein Fehlschlag.[3] Die von uns entwickelte Therapie II hat deutlich geringere Nebenwirkungen als die althergebrachte Therapie I, und wir wünschen uns, daß sie ebenso viele Patienten heilt wie diese, denn nur dann ist sie eine echte Verbesserung. Tatsächlich ist die neue Therapie aber nur bei 67 Prozent der Patienten erfolgreich. In unserem Würfelexperiment stehen also nur die Zahlen von eins bis vier für eine Heilung, fünf und sechs bedeuten einen Mißerfolg. In der ersten Studie treten in diesem Würfelspiel Therapie I und II mit jeweils zwölf Patienten gegeneinander an. Pro Gruppe muß also zwölfmal gewürfelt werden. Bitte tragen Sie Ihre Ergebnisse in Tabelle 25 ein. Nach denselben Spiel

3 Die Wahrscheinlichkeit für «1 oder 2 oder 3 oder 4 oder 5» ist 5/6 = 0,83 = 83 Prozent; die für eine «6» beträgt 1/6 = 0,17 = 17 Prozent.

Tabelle 25: Simulation der Potenzierung des Fehlers zweiter Art bei sukzessiven, aufeinander aufbauenden Studien

| | Strichliste | | Unterschied |
	Erfolge	Mißerfolge	signifikant?
1. Studie (Therapie I versus Therapie II):			
Therapie I (83 %; Heilung bei 1 bis 5)	E_I_____	M_I_____	
Therapie II (67 %; Heilung bei 1 bis 4)	E_{II}_____	M_{II}_____	_____
2. Studie (Therapie II versus Therapie III):			
Therapie II (67 %; Heilung bei 1 bis 4)	E_I_____	M_I_____	
Therapie III (50 %; Heilung bei 1 bis 3)	E_{II}_____	M_{II}_____	_____
3. Studie (Therapie III versus Therapie IV):			
Therapie III (50 %; Heilung bei 1 bis 3)	E_I_____	M_I_____	
Therapie IV (33 %; Heilung bei 1 bis 2)	E_{II}_____	M_{II}_____	_____
Beispielstudie			
Therapie I (Heilung bei 1 bis 5)	E_I ‖‖‖‖‖‖	M_I ‖‖	
Therapie II (Heilung bei 1 bis 4)	E_{II} ‖‖‖‖‖	M_{II} ‖‖‖‖	*nein*

regeln verfahren Sie nun beim Vergleich von Therapie II und Therapie III. Diese ist noch schonender als Therapie II, doch wird nur noch die Hälfte der Patienten geheilt, das heißt, die Zahlen eins bis drei stehen für Behandlungserfolg, vier bis sechs für Mißerfolg. Zum Abschluß prüfen Sie Therapie III gegen Therapie IV, wobei bei Therapie IV nur noch eins und zwei eine Heilung und drei bis sechs einen Fehlschlag bedeuten.

Nach dem Würfeln können Sie feststellen, ob Ihre drei Studien zu signifikanten Unterschieden in der «Heilungsrate» geführt haben. Um Ihnen den Vierfeldertest zu ersparen, haben wir für die Auswertung Tabelle 26 erstellt. Die Zeile gibt die Anzahl der geheilten Patienten «E_I» der einen und die Spalte die Anzahl der geheilten Patienten «E_{II}» der anderen Therapie wieder. Für die Beispielstudie von Tabelle 25 ($E_I = 9$ und $E_{II} = 7$) suchen wir Zeile neun und Spalte sieben auf. Die Differenz ist nicht signifikant.[4] Prüfen Sie nun anhand der Tabelle oder mit dem Vierfeldertest, ob Ihre drei Studien zu signifikanten Ergebnissen geführt haben, und tragen Sie das Resultat neben der Strichliste in Tabelle 25 ein.

Sie haben gute Chancen, während des ganzen Spiels keinen einzigen signifikanten Unterschied zu finden, was in der Realität hieße, daß Ihnen die Verschlechterung der Heilungsrate um 50 Prozent, nämlich von 83 auf nur noch 33 Prozent, entgeht. Die Wahrscheinlichkeit, die jeweiligen Unterschiede von 16 bis 17 Prozent zu übersehen, beträgt 86 Prozent, und die Wahrscheinlichkeit, daß dies dreimal hintereinander geschieht, 64 Prozent[5]. Bei einem direkten Vergleich von Therapie I und IV würde die 50prozentige Differenz nur mit einer Wahrscheinlichkeit von 27 Prozent[6] unbemerkt bleiben. Sind bei Ihnen Therapie I und Therapie IV signifikant verschieden? Das Risiko für den Fehler zweiter Art ist deutlich höher, wenn man nicht direkt, sondern sukzessiv vergleicht. In diesem Beispiel steigt das Risiko um mehr als das Doppelte ($64\% / 27\% = 2,37$).

4 Für die Beispielstudie ($E_I = 9$, $M_I = 3$, $E_{II} = 7$, $M_{II} = 5$) erhalten wir mit der Formel für den Vierfeldertest (siehe Seite 49):

$$\text{Prüfgröße} = \frac{(E_I + M_I + E_{II} + M_{II} - 1) \times (E_I \times M_{II} - E_{II} \times M_I)^2}{(E_I + E_{II}) \times (M_I + M_{II}) \times (E_I + M_I) \times (E_{II} + M_{II})} = \frac{(9 + 3 + 7 + 5 - 1) \times (9 \times 5 - 7 \times 3)^2}{16 \times 8 \times 12 \times 12}$$

$$= \frac{23 \times 576}{18432} = \frac{13248}{18432} = 0,72$$

Da die Prüfgröße kleiner als 3,84 ist, ergibt sich in der Beispielstudie ein nicht signifikanter Unterschied zwischen Therapie I und II.

5 $0,86 \times 0,86 \times 0,86 = 0,64 = 64$ Prozent.

6 Die Berechnung der Übersehwahrscheinlichkeiten von 86 und 27 Prozent ist nicht ganz so einfach, und deren genaue Herleitung würde hier zu weit führen.

Tabelle 26: Tabelle zur Auswertung des Würfelspiels

	Heilungen bei der anderen Therapie (E_{II})												
Heilungen bei der einen Therapie (E_I)	0	1	2	3	4	5	6	7	8	9	10	11	12
0	n.s.	n.s.	n.s.	n.s.	s.	s.	s.	s.	s.	s.	s.	s.	s.
1	n.s.	n.s.	n.s.	n.s.	n.s.	n.s.	s.	s.	s.	s.	s.	s.	s.
2	n.s.	n.s.	n.s.	n.s.	n.s.	n.s.	n.s.	s.	s.	s.	s.	s.	s.
3	n.s.	n.s.	n.s.	n.s.	n.s.	n.s.	n.s.	n.s.	s.	s.	s.	s.	s.
4	s.	n.s.	n.s.	n.s.	n.s.	n.s.	n.s.	n.s.	n.s.	s.	s.	s.	s.
5	s.	n.s.	n.s.	n.s.	n.s.	n.s.	n.s.	n.s.	n.s.	n.s.	s.	s.	s.
6	s.	s.	n.s.	n.s.	n.s.	n.s.	n.s.	n.s.	n.s.	n.s.	n.s.	s.	s.
7	s.	s.	s.	n.s.	n.s.	n.s.	n.s.	n.s.	n.s.	n.s.	n.s.	n.s.	s.
8	s.	s.	s.	s.	n.s.	n.s.	n.s.	n.s.	n.s.	n.s.	n.s.	n.s.	s.
9	s.	s.	s.	s.	s.	n.s.	n.s.	n.s.	n.s.	n.s.	n.s.	n.s.	n.s.
10	s.	s.	s.	s.	s.	s.	n.s.	n.s.	n.s.	n.s.	n.s.	n.s.	n.s.
11	s.	s.	s.	s.	s.	s.	s.	n.s.	n.s.	n.s.	n.s.	n.s.	n.s.
12	s.	s.	s.	s.	s.	s.	s.	s.	s.	n.s.	n.s.	n.s.	n.s.

Diese Tabelle wurde mit dem Vierfeldertest berechnet und gilt nur für den Vergleich von jeweils zwölf Patienten pro Gruppe (s.: signifikanter Unterschied; n.s.: nicht signifikant).

form führen. Im Würfelbeispiel fällt das sofort auf, da wir die Ergebnisse der ersten und der letzten Studie gegenüberstellen können. In der Realität vergehen zwischen den einzelnen Schritten einer solchen Kette viele Jahre, häufig sogar Jahrzehnte. Ein *direkter* Vergleich zwischen dem ersten und dem letzten Glied ist fast unmöglich, weil die anfängliche Therapie mittlerweile als völlig veraltet gilt und eventuell sogar als Kunstfehler betrachtet wird.

Natürlich lassen sich aktuelle Ergebnisse an den niedergeschriebenen historischen einer Vorläufertherapie messen, doch besteht die Gefahr, Äpfel mit Birnen zu vergleichen, da sich zwischenzeitlich häufig auch begleitende Therapiemodalitäten und die Diagnostik verändert haben. Die Falle, in die man beim Vergleich mit historischen Daten laufen kann, heißt «stage migration». Wir werden auf Seite 185 f auf sie zurückkommen.

Um das Problem des Fehlers zweiter Art zu umgehen, sind in der medizinischen Forschung in den letzten Jahren sogenannte *Megatrials*, also Riesenstudien, populär geworden. Dies sind meist multizentrisch (an vielen Krankenhäusern gleichzeitig) durchgeführte Studien mit sehr großen Patientenzahlen. Die statistischen Vorteile solcher Megatrials erscheinen zwar sehr verlockend, doch sind sie keineswegs das Nonplusultra der medizinischen Forschung, und bei der Interpretation ihrer Ergebnisse ist Vorsicht geboten (Charlton 1996). Das liegt daran, daß die hohe Anzahl der Patienten zu Lasten der Genauigkeit geht. Große Populationen können dadurch hergestellt werden, daß man eine Reihe im Grunde verschiedener Kollektive in einen Topf wirft. Soll eine Studie alle Patienten mit Lungenkrebs einbeziehen, so ist es sehr viel einfacher, viele Probanden zusammenzubekommen, als wenn die Erkrankung präzisiert und ein bestimmtes Stadium untersucht wird. Das Dilemma lautet also: Je präziser die Fragestellung einer Studie umrissen ist, desto weniger Patienten bekommt man zusammen und desto ungenauer wird die Antwort im statistischen Sinne. Je unpräziser die Frage, um so statistisch genauer die Antwort, weil man viele Patienten hat. Die Information, die der Arzt für die Behandlung eines einzelnen Kranken benötigt, wird mit einer solchen Riesenstudie nicht gewonnen, denn eine Einzelperson entspricht nur extrem selten dem Durchschnitt von zum Beispiel zehntausend Patienten eines Megatrials. – Große Zahlen allein sind offenbar keine Lösung.

Mit der Wahrheit lügen
Manipulationsmöglichkeiten bei der
Darstellung von Ergebnissen

> Aus Lügen, die wir glauben,
> werden Wahrheiten, mit denen wir leben.
> *Oliver Hassenkamp*

Ein Bild sagt mehr als tausend Worte. Das gilt nicht nur für die Kunst, sondern auch für die Darstellung quantitativer Zusammenhänge wie wissenschaftlicher Ergebnisse oder wirtschaftlicher Daten. Ein Reiseunternehmen wird in seinem Prospekt eher eine hübsche Grafik als eine Tabelle zeigen, um den Kunden über das Wetter am Zielort zu informieren und vor allem auch davon zu überzeugen, daß das Wetter dort nichts zu wünschen übrig läßt. Wenn man in einem Koordinatensystem die Sonnenscheindauer gegen die Jahreszeit aufträgt, ergibt das eine wesentlich übersichtlichere und einprägsamere Darstellung als zwei Tabellenspalten mit Zahlen. In der Malerei gibt das Bild die Sicht des Malers wieder, aber auch in Wissenschaft und Wirtschaft wird die bildliche Präsentation harter Daten ganz maßgeblich von der subjektiven Einschätzung des «Künstlers» geprägt. Aus einer Unzahl von Auftragsarten kann er diejenige auswählen, die die ihm genehmen Aspekte betont und die unangenehmen herunterspielt. Auch ohne Daten zu verändern (das wäre Betrug), ist die Menge der Manipulationsvarianten fast unerschöpflich. Einige werden Sie in diesem Kapitel kennenlernen, aber nicht etwa, damit Sie selber besser manipulieren können, sondern damit Sie nicht mehr darauf hereinfallen.

Immer wenn für das Verständnis der realen Beispiele umfangreiche Fachkenntnisse erforderlich waren, haben wir uns einfache Beispiele ausgedacht, die dann ausdrücklich als solche gekennzeichnet sind.

Daten auf der Streckbank
Manipulierte Koordinatenachsen

Beim Fotografieren können Sie mit der Linse nah ans Geschehen herangehen, um auch kleine Details groß erscheinen zu lassen. Oder Sie halten Abstand, um zum Beispiel ein Gebirgspanorama ins Bild zu bekommen, in dem dann die Baustelle vor dem Hotel zur unbedeutenden Bagatelle wird. Entsprechende Stilmittel stehen bei der Wahl von Koordinatenachsen zur Verfügung. Auch hier können Sie unliebsame Erscheinungen klein werden lassen oder kleine Dinge groß aufblasen – ganz wie es beliebt.

Betrachten wir ein ausgedachtes Bild [14]: Der Polizeipräsident eines beschaulichen Städtchens hat kürzlich die Entwicklung der Einbruchskriminalität in einer Pressemitteilung dargestellt. In Abbildung 21 ist die Anzahl der Einbrüche gegen das Jahr aufgetragen. Während der letzten Jahre ist sie mit etwa 450 bis 500 Einbrüchen pro Jahr nahezu unverändert geblieben.

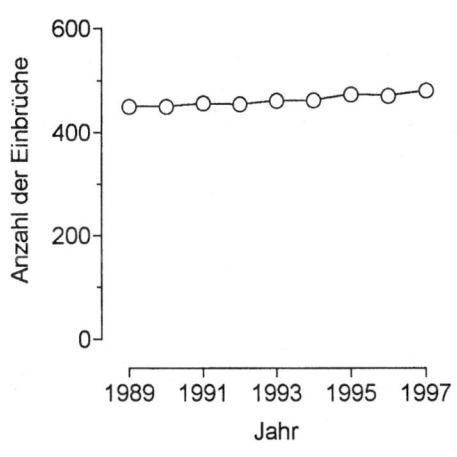

Abbildung 21:
Einbrüche laut
Polizeistatistik

Mit diesem eigentlich erfreulichen Zustand gibt sich aber nicht jeder zufrieden. Die Firma Fehlan & Zeige vertreibt und installiert Alarmanlagen für Einfamilienhäuser. Dem Geschäftsführer erscheint die polizeiliche Grafik wenig geeignet, neue Kunden anzulocken. Deshalb entwirft er eine neue Werbebroschüre, wobei er, da er ein ehrlicher Mensch ist, dieselben Daten verwendet wie die Polizei. Mühelos findet er eine verheerende Entwicklung in Sachen Einbruch (Abbildung 22), ohne den Zahlen Unrecht anzutun. Um die gewünschte Dynamik zu erzielen, hat er in seiner Darstellung lediglich die Ordinate (senkrechte Achse) bei 450 Einbrüchen abgeschnitten und deutlich gestreckt.

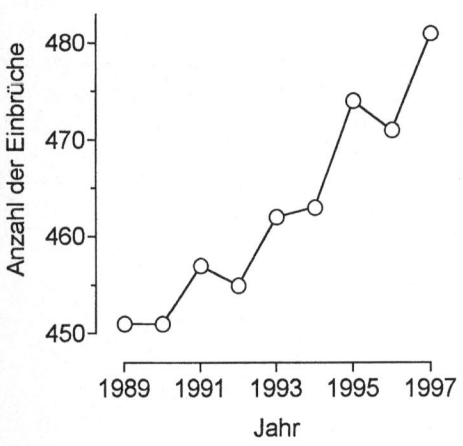

Abbildung 22: Werbewirksame Darstellung derselben Einbruchszahlen wie in Abbildung 21

Unser Geschäftsführer ist auch ein begnadeter Texter. Bei genauerer Betrachtung fällt ihm auf, daß die Anzahl der Einbrüche von 1989 bis Ende 1995 von 451 auf 472 pro Jahr angestiegen ist. Die Zuwachsrate liegt somit bei 21 Einbrüchen in sieben Jahren, also im Durchschnitt 21/7 = 3 Delikten jährlich. 1997 hat es mit 481 Fällen neun Einbrüche mehr gegeben als 1996. Das ist zwar immer noch fast nichts, aber trotzdem ist die Zuwachsrate um den beeindruckenden Faktor 9/3 = 3 erhöht oder, was dasselbe ist, von 100 auf 300 Prozent angewachsen. In ihrer Werbebroschüre kann die Firma Fehlan & Zeige somit zur Abbildung 22 *wahrheitsgetreu* die Überschrift setzen: «Anstieg der Einbruchszuwachsrate auf 300 Prozent in nur einem Jahr!»

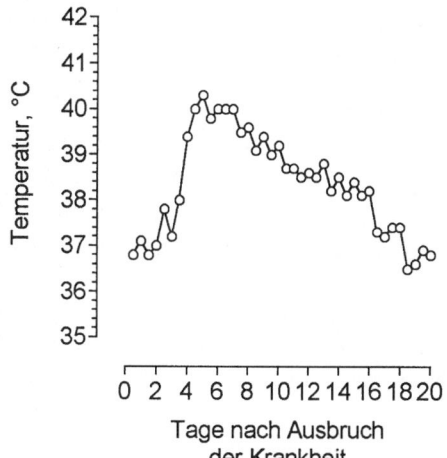

Abbildung 23:
Fieberkurve

Diese Art der Manipulation von Daten ist vor allem im Wirtschaftsbereich verbreitet, aber durchaus auch in der Forschung zu beobachten. Mit derselben Methode kann man auch das Gegenteil erreichen und unliebsame Veränderungen verschönen. Die Nachricht von einer sinkenden Inflationsrate hört sich zunächst einmal sehr positiv an. Aber in Wirklichkeit bedeutet sie, daß die Geldentwertung trotzdem voranschreitet; sie ist nur langsamer geworden.

Andererseits kann das Abschneiden und Strecken einer Skala auch durchaus sinnvoll sein. In Abbildung 23 ist eine Fieberkurve dargestellt. Vernünftigerweise beginnt die Ordinate bei 35 und nicht bei 0 Grad Celsius. Selbst geringe Schwankungen der Körpertemperatur von weniger als einem Grad lassen sich mit jedem Fieberthermometer einwandfrei messen und können medizinisch bedeutsam sein. Deshalb muß die Ordinate so gewählt werden, daß diese Änderungen aus der Fieberkurve ablesbar sind.

Bei der kritischen Betrachtung von Abbildungen sollten Sie stets überprüfen, ob die Achsen sinnvoll gewählt sind und die dargestellten Daten beziehungsweise Meßergebnisse wirklich das belegen, was die Autoren behaupten.

... es wirkt
Effekte der Ergebnispräsentation

> Man sollte alles so einfach wie möglich sehen,
> aber nicht einfacher.
> *Albert Einstein*

Eine amerikanische Arbeitsgruppe (Forrow et al. 1992) hat mögliche Auswirkungen der Ergebnispräsentation auf die Bereitschaft von Ärzten untersucht, ein bestimmtes Medikament zu verschreiben. Sie hat 235 Ärzten zwei Texte vorgelegt:

1. Die Sterberate als Folge koronarer Herzerkrankungen konnte durch die Behandlung mit Medikament A von 2,0 Prozent auf 1,6 Prozent verringert werden. Diese Reduktion um 0,4 Prozent war statistisch signifikant.
2. Durch die Behandlung mit Medikament B konnte eine relative Verringerung der Sterberate als Folge koronarer Herzerkrankungen um 20 Prozent erzielt werden. Diese Reduktion war statistisch signifikant.

Eine Reduktion von 2 auf 1,6 Prozent, also um 0,4 Prozent*punkte*, ist identisch mit einer *relativen* Verringerung um 20 Prozent, denn die Differenz $2,0 - 1,6 = 0,4$ ist $0,4/2,0 = 0,2 \; \hat{=} \; 0,2 \times 100 = 20$ Prozent von 2,0. Diese Gleichwertigkeit fiel 108, das heißt etwa der Hälfte der befragten Ärzte, nicht auf. 97 von ihnen gaben an, sie würden eher das Medikament B verschreiben.

Dieses erstaunliche Resultat wurde wenig später reproduziert. Eine italienische Arbeitsgruppe (Bobbio et al. 1994) bereitete die Ergebnisse einer Studie in unterschiedlicher Form auf und legte sie 148 Ärzten vor. Dabei gab man auch hier vor, es handle sich um fünf verschiedene Studien mit fünf unterschiedlichen Präparaten. Die Ärzte sollten bestimmen, welches davon sie ihren Patienten am ehesten verschreiben würden. Es zeigte sich, daß das «Arzneimittel», über das die Testpersonen als einziges vollständig informiert worden waren, indem man ihnen sämtliche Studienergebnisse mitgeteilt hatte, am schlechtesten abschnitt. Dagegen hielten die Probanden auch bei diesem Test das «Arzneimittel» für das wirkungsvollste, bei dem relative Veränderungen angegeben wurden (entsprechend dem Anstieg der Einbrüche auf 300 Prozent in der obigen Kriminalstatistik). Kein einziger Arzt bemerkte, daß er fünfmal dieselben Daten gesehen hatte.

Wir haben festgestellt, daß es auch in der Wissenschaft üblich ist, diejenige Darstellungsform zu wählen, die die Aussage der Autoren besonders deutlich zum Ausdruck bringt. Die zum Schluß erwähnten Untersuchungen zeigen, daß die Präsentation einen größeren Einfluß auf das Verschreibungsverhalten hat als die Studienergebnisse selbst. Solche Darstellungen gehören unserer Auffassung nach zu den leicht durchschaubaren Varianten der Informationsverschönerung. Der vorgelegte Text enthielt jeweils alle Zahlen, die erforderlich waren, um die Gleichwertigkeit der Daten zu erkennen. Die Leserschaft derartiger Texte offenbart also auch eine gewisse Sorglosigkeit, von der wir Sie mit unserem Buch befreien möchten.

Bei der grafischen Darstellung von Ergebnissen werden im allgemeinen nicht nur die Meßwerte selbst, sondern auch Kurven gezeigt, die den Verlauf der Ergebnisse deutlicher machen sollen. Mit Hilfe solcher Kurven läßt sich die erwünschte Interpretation der Daten viel besser nachvollziehen. Manchmal suggerieren sie aber auch Zusammenhänge, die ohne diese «Sehhilfe» gar nicht existieren.

Abbildung 24 zeigt das Ergebnis einer ausgedachten Untersuchung über die Wirkung einer Zahnpasta. Über einen Zeitraum von fünf Jahren haben Versuchspersonen beim Zähneputzen immer eine genau festgelegte Menge Zahnpasta verwendet. Jeder Punkt stellt einen bestimmten Testteilnehmer dar. Aufgetragen ist die Anzahl der während der Erhebung aufgetretenen Kariesfälle gegen die verwendete Zahnpastamenge. Aus der Abbildung geht hervor, daß mit zunehmender Menge Deka-dent ein deutlicher Erkrankungsrückgang mit sehr steilem Kurvenabfall zu beobachten ist. Bei Verwendung von zwei oder mehr Zentimeter Zahnpasta pro Putzvorgang wird sogar absolute Kariesfreiheit erreicht.

In Abbildung 25 sind dieselben Werte aufgetragen. Diesmal wurde die das Auge führende Kurve andersherum gezeichnet. Mit zunehmender Zahnpastamenge nimmt, in einem schmalen Bereich, die Karieshäufigkeit steil zu. Wie die Kurve durch die Punkte gelegt wird, ist völlig willkürlich. Die Daten sind ohne zusätzliche Meßergebnisse bei hohen und niedrigen Dosen wertlos. Erst wenn bei Anwendung von weniger als anderthalb Zentimeter Deka-dent viele und bei mehr als zwei Zentimetern weniger oder keine Zähne kariös sind, gibt es einen Grund, den ersten Kurvenverlauf zu bevorzugen.

Man kann natürlich einwenden, es sei abwegig anzunehmen, daß viel Zahnpasta viel Karies verursacht, und folglich müsse die

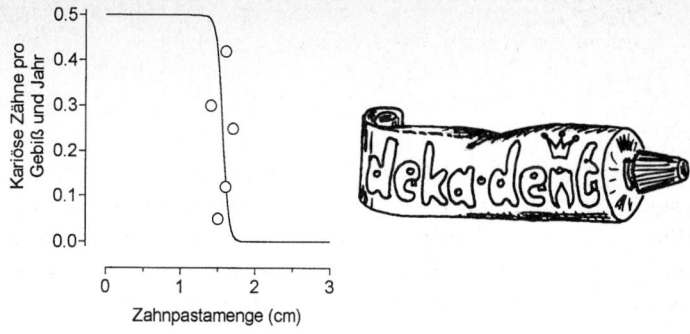

Abbildung 24: Einfluß der verwendeten Zahnpastamenge (in Zentimetern) auf die mittlere Anzahl kariöser Zähne pro Gebiß und Jahr

erste Deutung richtig sein. Wenn wir aber so argumentieren, dann fließen bereits unsere Vorurteile über das Produkt in die Interpretation der Ergebnisse ein.

Zum Thema Zahnpasta noch eine halbernste Anmerkung. Es gibt wohl kaum eine Tube, auf der nicht «klinisch getestet» steht. Aber haben Sie jemals eine gesehen, auf der auch vermerkt war, ob und wie die Zahnpasta den Test bestanden hat?

Zurück zu unserem Beispiel. Es hätte noch schlimmer kommen können. Eine Untersuchung in einem weiteren Dosisbereich könnte das in Abbildung 26 dargestellte Ergebnis liefern. Hier ist die Zahnpasta völlig wirkungslos, und ihre Menge beeinflußt die Karieshäufigkeit überhaupt nicht.

Wer glaubt, daß so etwas in der Wissenschaft nicht vorkommt, täuscht sich. Die suggestive Kraft solcher das Auge führender Linien (Sehhilfen) wird leicht unterschätzt. Wir haben selber über viele Jahre hinweg in zahlreichen Fortbildungsveranstaltungen verschiedene derartige manipulative Abbildungen vorgestellt, ohne die darin steckende Willkür zu bemerken. Um sich davor zu schützen, können Sie als «Schnelltest» versuchen, sich die eingezeich-

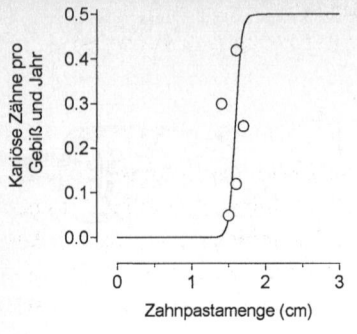

Abbildung 25: Andere Interpretation des Einflusses der Zahnpastamenge (in Zentimetern) auf die mittlere Anzahl kariöser Zähne pro Gebiß und Jahr (dieselben Daten wie Abbildung 24)

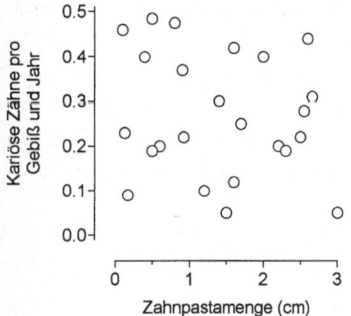

Abbildung 26: Möglicher Zusammenhang zwischen der verwendeten Zahnpastamenge (in Zentimetern) und der mittleren Anzahl kariöser Zähne pro Gebiß und Jahr

nete Kurve wegzudenken oder sie tatsächlich zu entfernen. Dann können Sie die Daten unvoreingenommen betrachten und selbst eine Kurve hindurchziehen.

Alles auf eine Karte gesetzt
Kumulative Häufigkeit – Schlußfolgerungen aufgrund
singulärer Meßpunkte

Manchmal hängt die gesamte Aussage einer wissenschaftlichen Arbeit an einem einzigen Meßpunkt. Mit ihm steht und fällt das gesamte Interpretationsgebäude. Durch geschickte Führung des Auges mittels entsprechend gewählter Kurven wird versucht, darüber hinwegzutäuschen. Nur sehr selten weisen die Autoren auf diesen Tatbestand hin.

Seit den Anfängen der Strahlentherapie weiß man, daß die Tumoren verschiedener Patienten sehr unterschiedlich auf eine Strahlenbehandlung reagieren. Deshalb haben Wissenschaftler auf diesem Gebiet immer wieder versucht, Methoden zu entwickeln, mit denen sich die individuelle Strahlenresistenz bereits vor der Therapie feststellen läßt. Dabei stellte sich heraus, daß verschiedene Parameter einen gewissen prognostischen Wert haben. Ein Beispiel zeigt Abbildung 27.

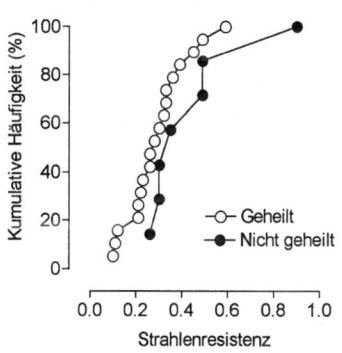

Abbildung 27: Prognostischer Parameter für die Strahlenresistenz von Tumoren (Brock et al. 1987)

Aufgetragen ist die kumulative Häufigkeit[1] gegen die Strahlenresistenz. Die offenen Kreise sind die Ergebnisse, die an später geheilten Patienten gewonnen wurden, während die schwarzen Kreise die Resultate für die Erkrankten darstellen, bei denen es nicht gelang, das Tumorwachstum nachhaltig zu stoppen. Die beiden resultierenden Kurven sind sauber voneinander getrennt. Offenbar lassen sich also die beiden Patientengruppen mit diesem Verfahren identifizieren. Die Freude der Experten über dieses Resultat war groß, schien es doch erstmalig gelungen, anhand von Messungen, die vor Beginn der Therapie durchgeführt worden waren, eine klare Prognose für den zu erwartenden Behandlungserfolg zu stellen.

Diese Ergebnisse, die mittlerweile Bestandteil der Standardlehrbücher sind (Begg 1993), gaben weltweit Anlaß zu zahlreichen Forschungsaktivitäten, in deren Rahmen dieser Effekt weiter untersucht werden soll, um ihn für die Krebsbehandlung nutzbar zu machen. Sie bilden gegenwärtig eines der wichtigsten Projekte der onkologischen Grundlagenforschung, und wir werden in den beiden folgenden Abschnitten weitere Ergebnisse vorstellen. Zuvor

1 Was ist eine kumulative Häufigkeit? Betrachten wir ein Beispiel: In einem Betrieb sind vierzig Angestellte. Davon sind acht (entsprechend 20 Prozent) zwischen 20 und 29 Jahre alt, zehn (25 Prozent) zwischen 30 und 39, zwölf (30 Prozent) zwischen 40 und 49, sechs (15 Prozent) zwischen 50 und 59 und vier (10 Prozent) zwischen 60 und 65. Die in Klammern angegebenen Prozentzahlen sind die Häufigkeiten. Die *kumulativen* Häufigkeiten entsprechen dann den folgenden Prozentzahlen: 20 Prozent sind unter 30 Jahre alt, 45 Prozent sind unter 40, 75 Prozent sind unter 50 usw.

Altersgruppe	Ange-stellte(%)	Alters-gruppe	Angestellte (%) *Kumulative Häufigkeit*
20–29	20	20–29	20
30–39	25	20–39	20 + 25 = 45
40–49	30	20–49	20 + 25 + 30 = 75
50–59	15	20–59	20 + 25 + 30 + 15 = 90
60–65	10	20–65	20 + 25 + 30 + 15 + 10 = 100

wollen wir die revolutionären Resultate aber einmal genauer betrachten.

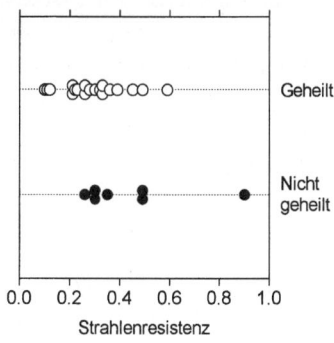

Geheilt

Nicht geheilt

0.0 0.2 0.4 0.6 0.8 1.0

Strahlenresistenz

Abbildung 28: Prognostischer Parameter für die Strahlenresistenz von Tumoren (gleiche Daten wie in Abbildung 27)

Aufgeteilt nach Behandlungserfolgen und Fehlschlägen, machen die Originalmeßwerte, direkt aufgetragen ohne den Kunstgriff der «kumulativen Häufigkeit» (Abbildung 28), sofort deutlich, daß sich die beiden Gruppen praktisch nicht unterscheiden. Die ermittelten Strahlenresistenzen liegen zwischen 0,1 und 0,6. Nur ein einziger Wert fällt vollkommen heraus: der schwarze Punkt rechts bei 0,9. Man kann nie ausschließen, daß die extreme Abweichung eines einzelnen Punktes auf einer Fehlmessung beruht, daß es sich um einen sogenannten Ausreißer handelt. Wie wir aus eigener Erfahrung wissen, sind Experimentatoren auch nur Menschen. Sie machen manchmal Fehler, und diese führen zu falschen Ergebnissen, die ganze Meßreihen zerstören können. Auch uns ist dies oft genug passiert. Daher liegt die Versuchung nahe, sie einfach wegzulassen – das aber wäre Betrug. Andererseits – die Errichtung eines riesigen Gedankengebäudes auf einem einzigen Meßpunkt ist auch ein abenteuerliches Unternehmen. Es ist also zweckmäßig zu überprüfen, was geschieht, wenn man sich einen solchen Punkt wegdenkt. Diese Daten als kumulative Häufigkeit aufzutragen ist nichts anderes als ein Täuschungsmanöver. Ein sehr gelungenes obendrein: die Arbeit und ihr Autor sind weltberühmt und haben weltweit wahrscheinlich sinnlose kostspielige Forschungsprojekte initiiert.

Wenn man aufgrund der Angaben aus Abbildung 28 eine Prognose über den Behandlungserfolg stellen möchte, muß man einen kritischen Wert für die Strahlenresistenz angeben können. Alle Patienten – oder zumindest die meisten –, deren Strahlenresistenz oberhalb dieser Schwelle liegt, sollten Fehlschläge erleiden, die (meisten) anderen erfolgreich behandelt werden können. In Abbildung 28 ist es aber nicht möglich, einen kritischen Wert durch eine vertikale Linie zu markieren, mit der sich die Geheilten von den Nichtgeheilten trennen lassen.

Ergebnisse dieser Art waren schon lange vor den Euphorie auslösenden Resultaten, wie sie Abbildung 27 suggeriert, bekannt. Vernünftigerweise hat sie kaum jemand für wichtig gehalten, weil sie keine Möglichkeiten aufzeigten, zuverlässige Vorhersagen zu treffen. Die Euphorie kam dadurch zustande, daß die Autoren der weltberühmten Arbeit eine neue Auftragungsweise gewählt hatten, die die Überlappung der Meßergebnisse und damit die Untauglichkeit der Methode gut verschleiert. Damit sahen die unwichtigen Ergebnisse auf einmal ganz wichtig aus. Und fast alle Experten sind darauf hereingefallen. Viele von ihnen freuen sich heute noch über die Fortschritte auf ihrem Fachgebiet.

Sind Ergebnisse als «kumulative Häufigkeiten» aufgetragen, so prüfen Sie genau, ob die Aussage auch dann noch gilt, wenn Sie eine weniger komplizierte Darstellung wählen.

‖ Allgemeine Aussagen aufgrund von Exoten

So wie nicht alle Tumoren gleichermaßen auf eine Strahlentherapie ansprechen, erleiden nicht alle Patienten, die sich ihr unterziehen müssen, dieselben Nebenwirkungen. Radioonkologen möchten daher die Reaktion einzelner Patienten auf die Bestrahlung vorhersagen können und sind stets auf der Suche nach Methoden, die ihnen dies ermöglichen.

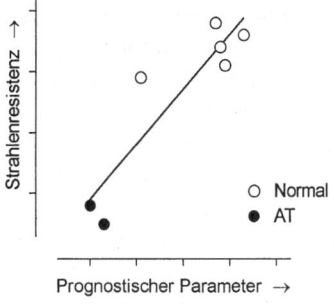

Abbildung 29: Prognostischer Parameter für die Strahlenresistenz von Patienten. Die beiden Datenpunkte unten links (●) stammen von Patienten, die an der äußerst seltenen Krankheit Ataxia teleangiectatica leiden.

Abbildung 29 zeigt die «vielversprechenden» Ergebnisse einer Arbeitsgruppe, die ein Verfahren zur Vorhersage der Strahlenresistenz entwickelt hat (Wurm et al. 1994). Der damit gemessene prognostische Parameter steht offenbar in einem eindeutigen Zusammenhang mit der Strahlenresistenz. Allerdings litten von den sieben untersuchten Patienten zwei an Ataxia teleangiectatica, einem sehr seltenen schweren Erbleiden. Die Zellen von Ataxia-Patienten sind nicht in der Lage, Strahlenschäden zu reparieren, so daß bei ihnen Nebenwirkungen bereits infolge wesentlich geringerer Strahlendosen auftreten als bei der Normalbevölkerung. Eine genaue Betrachtung der Abbildung zeigt, daß die gesamte Korrelation *ausschließlich* auf den Ataxia-Patienten beruht. Denkt man sich ihre beiden Werte weg, ergibt sich für die verbleibenden Meßergebnisse kein Zusammenhang zwischen dem ermittelten Parameter und der tatsächlichen Strahlenresistenz. Für den «normalen» Patienten können mit dieser Methode offenbar keine relevanten Informationen gewonnen werden (Beck-Bornholdt 1995). Verfahren ist wertlos.

Do it yourself

Wer selbst manipuliert, fällt nicht mehr
so leicht darauf herein

Im Folgenden möchten wir Sie dazu anstiften, selbst einmal zu manipulieren. Die erste Aufgabe ist die einfachste, die letzte die schwierigste. Lassen Sie sich etwas einfallen, eine Grafik und einen Text. Lügen Sie mit der Wahrheit. Lösungsvorschläge finden Sie am Ende des Buches in der Anmerkung Nummer 15.

Milchpreise: Vom Saulus zum Paulus

Sie sind seit sieben Jahren Präsident eines von einer schweren Wirtschaftskrise gebeutelten Landes. Neuwahlen stehen ins Haus. Die Inflation hat katastrophale Ausmaße erreicht. Die Preise für einen Liter Milch während der letzten Jahre sind in Tabelle 27 aufgelistet.

Sie wollen wiedergewählt werden. Machen Sie den Leuten klar, daß Sie einen außerordentlichen Beitrag zur Geldwertstabilität geleistet haben.

Zinsen: Weniger ist mehr

Sie sind Werbemanager beim Bankhaus Schröpf. Die Bank gibt deutlich niedrigere Zinsen als die andere Bank am Ort. Jetzt laufen Ihnen die Kunden weg. Ihre Gehaltserhöhung ist gefährdet, wenn Sie sich nicht einen wirksamen Text mitsamt einer Grafik einfallen lassen, der die Kunden überzeugt zu bleiben. Die für die verschiedenen Kalenderjahre gewährten Zinsen zeigt Tabelle 28.

Es geht ums Geld, um *Ihr* Geld ...

Inflationsrate: Mehr ist weniger

Sie sind seit zehn Jahren Präsident einer Bananenrepublik. Neuwahlen stehen ins Haus. Ihr Gegner ist vor Ihnen zehn Jahre lang Präsident gewesen. Er führt einen sehr wirksamen Wahlkampf gegen Sie. Sein Hauptargument ist, daß Sie an der hohen Inflations-

Tabelle 27: Milchpreise in einem gebeutelten Land

Jahr	Milchpreis in Penunzen	
1982	17	
1983	34	
1984	70	
1985	130	
1986	280	
1987	540	
1988	1 100	
1989	2 150	Der Milchpreis bei Ihrem Amtsantritt
1990	4 100	
1991	7 300	
1992	12 800	
1993	20 000	
1994	30 000	
1995	42 000	
1996	56 000	Der heutige Milchpreis

Tabelle 28: Zinsentwicklung in einem deutschen Städtchen

Jahr	1993	1994	1995	1996
Andere Bank	3,0 %	3,4 %	4,1 %	4,5 %
Bankhaus Schröpf	1,8 %	2,4 %	3,2 %	3,8 %

rate schuld seien. Die durchschnittliche Inflationsrate betrug während seiner Amtszeit 11,0 und während Ihrer Amtszeit 19,3 Prozent.

Sie wollen wiedergewählt werden …

Babylonische Sprachverwirrung
Interpretations- und Übertragungsfehler

> Die Grenzen der Sprache
> sind die Grenzen der Welt.
> *Ludwig Wittgenstein*

Bei der mündlichen und schriftlichen Übermittlung von wissenschaftlichen Erkenntnissen kommt es zu Fehlern, und in der Medizin können diese für Sie und Ihre Gesundheit ernste Folgen haben. Wenn die vorsichtige Vermutung eines Wissenschaftlers, das neue Medikament A könnte besser sein als das bewährte Standardmedikament B, von einem Arzt als unumstößliche Tatsache aufgefaßt wird, kann dies zur Fehlbehandlung zahlreicher Patienten führen.

Als Verfasser und Leser wissenschaftlicher Arbeiten sind uns zwei grundlegende Mechanismen mit hohem Verwirrungspotential aufgefallen. Wir stellen sie in diesem Kapitel kurz vor.

Keiner versteht mich
Interpretation von Sprache

> Wenn Worte reden könnten ...
> *Hubert Vogler*

Unsere Sprache ist nicht eindeutig. Wir können im Gespräch auf eine Art «ja» sagen, die «nein» bedeutet. In einer wissenschaftlichen Arbeit kann eine Aussage auch ohne Angabe von statistischen Irrtumswahrscheinlichkeiten so formuliert werden, daß sie sicher wie eine Gewißheit oder unsicher wie eine Spekulation klingt.

Auf einer internationalen Tagung in Würzburg anläßlich des hundertsten Jahrestages der Entdeckung der Röntgenstrahlen haben wir unter den anwesenden Wissenschaftlern eine Umfrage durchgeführt, deren Ergebnis zeigt, daß es erhebliche individuelle Unterschiede in der Auffassung von Formulierungen gibt. Jeder Teilnehmer erhielt zwanzig Kärtchen, auf denen jeweils verschiedene Formulierungen der Aussage «Therapie A ist effektiver als Therapie B» in englischer Sprache standen.[1] 65 Wissenschaftler

1 Die Sätze lauten:

A. It is not inconceivable that therapy A is more effective than therapy B.

B. The present results indicate that therapy A is more effective than therapy B.

C. The present results prove that therapy A is more effective than therapy B.

D. Possibly therapy A is more effective than therapy B.

E. It has become popular to assume that therapy A is more effective than therapy B.

F. Therapy A could be more effective than therapy B.

G. Beyond any doubt therapy A is more effective than therapy B.

H. The present results support the hypothesis that therapy A is more effective than therapy B.

I. Probably therapy A is more effective than therapy B.

J. Others have suggested that therapy A could be more effective than therapy B.

K. Evidently therapy A is more effective than therapy B.

L. It can be speculated that therapy A could be more effective than therapy B.

M. Therapy A was more effective than therapy B.

N. We have the strong feeling that therapy A is more effective than therapy B.

O. Therapy A is more effective than therapy B.

P. It has been proven that therapy A is more effective than therapy B.

Q. In the present study therapy A was more effective than therapy B.

R. The present results show that therapy A is more effective than therapy B.

S. The present results show that therapy A is probably more effective than therapy B.

T. The present results are not in contradiction to the hypothesis that therapy A is more effective than therapy B.

aus 19 Ländern beteiligten sich an der Umfrage, darunter 25 mit Englisch als Muttersprache. Die Aufgabe unserer Probanden bestand darin, anhand der verschiedenen Formulierungen zu beurteilen, wie sicher sich der jeweilige Autor war, daß Therapie A *tatsächlich* besser ist als Therapie B. Wir baten sie, die Kärtchen entsprechend dieser Gewißheit in eine Reihenfolge zu bringen, links beginnend mit der sichersten Aussage und rechts endend mit der vorsichtigsten Formulierung. Die 25 Wissenschaftler mit Englisch als Muttersprache kamen zu folgender gemittelter Reihenfolge:

sicher   spekulativ

G O P C M R Q B H K S I N D T F J A L E

Sie empfanden den Satz «Beyond any doubt therapy A is more effective than therapy B» als den aussagekräftigsten und den Satz «It has become popular to assume that therapy A is more effective than therapy B» als den spekulativsten. Diese beiden etwas konstruiert anmutenden Formulierungen stammen, im Gegensatz zu den anderen, nicht von uns, sondern aus Originalarbeiten zweier führender Koryphäen der Radioonkologie.

Die Teilnehmer, für die Englisch eine Fremdsprache war, lieferten eine leicht abweichende Reihenfolge:

sicher   spekulativ

C G O P K R M Q B H S N I F D T A L E J

Hier lag der Satz «The present results prove that therapy A is more effective than therapy B» an erster Stelle (bei den Muttersprachlern an vierter Stelle), während der Satz «Others have suggested that therapy A could be more effective than therapy B» den letzten Platz belegte statt wie bei den Kollegen Platz 17.

Trotz einiger Unterschiede waren die Beurteilungen beider Gruppen im wesentlichen sehr ähnlich. Die Auswertung zeigte, daß es selbst bei den Teilnehmern, für die Englisch die Muttersprache war, erhebliche Schwankungen in der Einschätzung der Aussagekraft verschiedener Formulierungen gab. Beispielsweise erhielt Satz K («Evidently …») Einstufungen von Rang 2 bis Rang 17 oder der Satz N («We have the strong feeling that …») von Rang 3 bis Rang 18. Selbst die einhelligsten Einschätzungen, etwa der Sätze G und J, variierten über sechs beziehungsweise sieben Ränge. Das war immerhin ein Drittel der gesamten Bandbreite.

Die Zuordnungen der Wissenschaftler mit Englisch als Fremdsprache waren deutlich stärker gestreut: Satz M («Therapy A was more effective than therapy B») und Satz T («The present results are not in contradiction to the hypothesis that therapy A is more effective than therapy B») reichten sogar von Rang 1 bis Rang 20. Wie diese Formulierungen von einzelnen Gesprächspartnern aufgefaßt werden, ist also völlig unvorhersehbar. Einige von ihnen äußerten beim Ausfüllen der Fragebögen die Ansicht, daß viele Sätze gleichwertig seien, ein Einwand, den die Vertreter der ersten Gruppe nicht vorbrachten. Die feinen Abstufungen des Englischen sind den meisten von uns, die es erst in der Schule gelernt haben, offenbar nicht geläufig. Es ist zu befürchten, daß unsere sprachliche Unsicherheit Schwarzweißdenken begünstigt, da wir nicht in der Lage sind, die differenzierenden Grautöne zu erkennen beziehungsweise selber zu formulieren.

Obwohl, wie schon erwähnt, die *durchschnittliche* Einschätzung der Aussagekraft eines Satzes relativ einheitlich war, können die zum Teil erheblichen Unterschiede in den individuellen Auffassungen zu enormer Verwirrung führen. Dies ist natürlich besonders dann der Fall, wenn ein Wissenschaftler beispielsweise den Satz T verwendet, dessen Spannweite in der Umfrage von Rang 1 bis 20 reichte. Möchte man mit ihm zum Ausdruck bringen, daß eine Aussage spekulativ (Rang 20) ist, wird sie trotzdem von einigen als sehr sicher verstanden (Rang 1). Es ergeben sich aber auch andere Probleme. Nehmen wir an, ein Wissenschaftler wählt zur Beschreibung seiner etwas unsicheren Daten völlig adäquat einen Satz, dem ein mittlerer Rang zukommt, zum Beispiel H (im Schnitt Rang 10). Dann werden ihn diejenigen Zuhörer, für die H auf höherem Rang steht, als zu bescheiden einschätzen. Diejenigen hingegen, die Satz

H in ihrer persönlichen Bewertungsskala auf niedrigerem Rang ansiedeln, könnten den Autor für einen Aufschneider halten, der seine begrenzten Ergebnisse überinterpretiert. Damit ist der Grundstein für eine fruchtlose Diskussion gelegt, sofern die differierenden Einschätzungen überhaupt geäußert werden und sich nicht jeder in vornehmer Zurückhaltung seinen Teil denkt.

Besonders schwerwiegend wirken sich diese unterschiedlichen Auffassungen dann aus, wenn jemand über die Arbeit anderer Wissenschaftler schreibt, ohne deren Originaldaten zu präsentieren. Um nicht in den Verdacht reinen Nachplapperns zu geraten, wird er aus der Originalarbeit eben nicht wörtlich abschreiben, sondern im allgemeinen seine eigenen Formulierungen benutzen, was zur Folge haben kann, daß der Leser dieser Sekundärquelle die Validität einer Aussage völlig anders beurteilt als deren Urheber. Wir vermuten überdies, daß die Sprachverwirrung in der Realität deutlich größer ist, als unsere Umfrage zeigt, weil wir Äußerungen meist nicht so emotionsfrei gegenüberstehen können wie den hier vorgeführten nüchternen Sätzen. Wer zum Beispiel jahrelang an der Verbesserung von Therapie A gearbeitet hat, interpretiert die Formulierungen vielleicht ganz anders.

Häufig machen sich Autoren die Aussagen von Publikationen zunutze, ohne die Originalarbeit überhaupt einzusehen. Statt dessen stützen sie sich auf die Zusammenfassung der Arbeit, die sogenannten *abstracts*, oder gar nur auf Zitate anderer Wissenschaftler. Aber ohne die Originaldaten ist eine Einschätzung, wie sicher die Ergebnisse sind, unmöglich. Das Endresultat eines solchen Vorgehens hat aufgrund linguistischer Fehlerfortpflanzung (siehe folgenden Abschnitt) manchmal nicht mehr viel mit den ursprünglichen Ergebnissen gemeinsam. Oft werden die benötigten Zitate für eine Publikation auch einfach bei Kollegen erfragt. Während wir dieses Buch schrieben, stand eines Tages unser Zimmernachbar in der Tür und erkundigte sich nach einem Literaturbeleg für eine bestimmte Aussage. Als wir ihm eine Kopie der Arbeit aushändigen wollten, lehnte er dankend ab und notierte lediglich die Quellenangabe. Man beachte dabei auch, daß der Kollege nicht eine

«Arbeit zu dem Thema …», sondern ganz selektiv einen «Beleg für …» suchte. Dasselbe wiederholte sich mit einem anderen Zitat ein paar Stunden später.[2]

Die meisten Wissenschaftler kommen aufgrund der unüberschaubaren Publikationsflut kaum noch dazu, die Fachveröffentlichungen gründlich durchzuarbeiten. Das Lesen besteht mittlerweile weitgehend darin, die Überschriften im Inhaltsverzeichnis der für das eigene Fachgebiet wichtigsten Zeitschriften zu überfliegen und aus jeder Ausgabe ein paar Artikel herauszupicken, deren Zusammenfassung man Beachtung schenkt. Nur Aufsätze aus dem eigenen, allerengsten Arbeitsfeld liest der Forscher vollständig durch. Trotzdem verbringt er einen beachtlichen Teil seiner Zeit mit dem Kopieren von wissenschaftlichen Veröffentlichungen, «die dann», wie Siegfried Bär schreibt, «oft ungelesen, gestapelt oder in Ordnern abgeheftet seinen Schreibtisch zieren. In seiner Zeitnot gilt dem Forscher das Kopieren als geistige Besitzergreifung. Es hat den Rang einer rituellen Handlung, die den umständlichen Lesevorgang ersetzt. Kopieren beruhigt den Forscher, schenkt ihm inneren Frieden und das Gefühl, keine wichtige Information verpaßt zu haben.»

Dies nutzen einige findige Fachvertreter aus, indem sie bestimmte Aussagen, die die tatsächlichen Untersuchungsergebnisse kaum oder gar nicht belegen, in die Zusammenfassung oder den Titel ihrer eigenen Beiträge einschmuggeln. Ein krasses Beispiel für dieses Vorgehen stellt die Arbeit eines amerikanischen Kollegen dar, der mittlerweile Chef eines der größten Krebszentren in den USA ist. Im Diskussionsteil seines Artikels in der Zeitschrift *Cancer* (Cox et al. 1992) schreibt er sinngemäß übersetzt[3]: «*Die vorliegen-*

---

2 Sie protestieren, weil dies eine zufällige Häufung sein kann und wir trotzdem damit argumentieren? – Sie haben völlig recht! Der Vorgang hat sich in der folgenden Zeit auch erst ein halbes Jahr später wiederholt.

3 Die Originalformulierungen lauten: In der Diskussion: «These data per se do not show accelerated proliferation, but they agree with the hypothesis that accelerated proliferation occurs and is important in determining

den Daten liefern keinen Hinweis auf beschleunigtes Wachstum, aber sie sind mit der Hypothese eines beschleunigten Wachstums vereinbar.»

In der Zusammenfassung steht: *«Die vorliegenden Daten stützen die Hypothese eines möglicherweise beschleunigten Wachstums.»*

Und der Titel lautet schließlich: *«Neue Hinweise auf beschleunigtes Wachstum»*.

So schiebt der Autor seine Aussage sogar innerhalb ein und derselben Arbeit über zahlreiche Ränge hinweg. Sie endet in einer irreführenden unbewiesenen Behauptung, die natürlich an der meistgelesenen Stelle des Artikels steht, nämlich im Titel. Der Diskussionsteil, der die Daten noch adäquat wiedergibt, wird am seltensten gelesen.

Wir haben nicht überprüft, ob es möglicherweise eine eindeutige sprachwissenschaftlich begründete Reihenfolge für unsere Testsätze gibt. Aber selbst wenn es eine gäbe, wäre damit das hier umrissene Kommunikationschaos nicht entwirrt, denn das Ergebnis zeigt durch seine Heterogenität, daß kaum einer der befragten Wissenschaftler diese linguistischen Spielregeln beherrscht. Die oben dargestellten Einstufungen können vielleicht als grobe Orientierungshilfe nützlich sein. Der Vergleich mit der eigenen Reihenfolge kann uns vor Augen führen, bei welchen Aussagen wir am deutlichsten von der mittleren Interpretation abweichen. Bei großen Abweichungen ist es unter Umständen ratsam, eine der «getesteten» Formulierungen vorzuziehen. Und vermeiden Sie Satz T, es sei denn, Sie wollen Verwirrung stiften.

Sprachverwirrungen entstehen sehr viel seltener, wenn man alle wichtigen Originalarbeiten des eigenen Fachgebiets selbst liest und sich ein eigenes Bild von der Aussagekraft der Daten macht, ohne

outcome.» In der Zusammenfassung: «These data support the hypothesis that proliferation (possibly accelerated) of tumor clonogens during treatment influences the outcome.» Und im Titel der Arbeit: «New evidence for accelerated proliferation».

Abbildung 30: Babylonische Sprachverwirrung in der Wissenschaft

sich dabei auf das Sprachgefühl und die Einschätzung der Autoren von Übersichtsartikeln zu verlassen. Das kostet auf den ersten Blick natürlich mehr Zeit, die vom eigenen Experimentieren oder Schreiben abgeht, und die möchte man ja gerade sparen, da häufiges Publizieren bei der gegenwärtigen Wissenschaftspolitik für das Überleben eines Forschers notwendig ist. Wenn man jedoch aufgrund nachlässiger Literaturrecherchen jahrelang in eine Sackgasse hineingeforscht hat, ist sicherlich nichts gespart worden, weder Zeit noch Geld noch Ressourcen. Allerdings hat man seinen Lebensunterhalt verdient. Und da erscheint den meisten das Hemd näher als die Hose.

Vom Original zum Lehrsatz: das Stille-Post-Prinzip
Fehlerhafte Informationsübertragung

> Die Wissenschaft, sie ist und bleibt,
> was einer ab vom andern schreibt.
> *Eugen Roth*

Beim Kinderspiel «Stille Post» flüstert man seinem Nachbarn etwas ins Ohr. Der gibt es flüsternd dem nächsten weiter und so fort, und der letzte hat die erheiternde Aufgabe, die bei ihm eingetroffene Botschaft laut zu verkünden. Keiner erwartet, daß sich am Ende noch etwas Sinnvolles ergibt. Im Gegenteil, man kann sich fast darauf verlassen, daß beim letzten in der Reihe irgendein mehr oder weniger lustiger Unsinn ankommt. In der Wissenschaft gibt es das auch, nur daß niemand damit rechnet, es keiner merkt und es dabei eigentlich auch nichts zu lachen gibt.

Als Übung im Rahmen unserer Vorlesung erhielten 23 Teilnehmer jeweils eine andere aktuelle Veröffentlichung aus einer internationalen Fachzeitschrift mit der Bitte, den Artikel in acht Zeilen zusammenzufassen. Diese Kurzfassung wurde anschließend von einem anderen Teilnehmer, der die Originalarbeit nicht kannte, umformuliert. Der dritte Teilnehmer in dieser Reihe sollte die letzte Version des Textes wiederum kürzen und zum Umformulieren weiterreichen. Nach insgesamt sechs Bearbeitungsschritten, bei denen die Teilnehmer immer nur die jeweils neueste Version einsehen konnten, wurde der Prozeß abgebrochen. Dreizehn der 23 Schlußtexte, etwas mehr als die Hälfte, gaben den wesentlichen Inhalt des Originals einigermaßen korrekt wieder, sechs enthielten nur noch unverständlichen Unsinn, und drei Versionen verkehrten die ursprüngliche Aussage ins Gegenteil (!). Einer der Schlußtexte konnte nicht gewertet werden, weil bereits zu Beginn ein Mißverständnis wegen undeutlicher Handschrift aufgetreten war.

Am erstaunlichsten ist die Umwandlung von Aussagen in ihr Gegenteil. Wie es dazu kommt, erläutern wir am besten an einem Beispiel. Eine der Arbeiten berichtete über die Wirksamkeit eines Medikaments, durch das das Fortschreiten einer Erkrankung verlangsamt werden konnte. In der ersten Zusammenfassung stand, die gemessenen Parameter veränderten sich nach Gabe des Präparats weniger als bei Placebo[4], doch fehlte der Hinweis, daß es sich um eine Verlangsamung des *Fortschreitens* der Erkrankung handelte. Dadurch wurde der Keim für das prompt folgende Mißverständnis des zweiten Bearbeiters gelegt. Dieser ging davon aus, daß die Veränderung der Parameter etwas Positives sei. Da sich die Behandlung mit dem Medikament geringer auf sie auswirkte als die Einnahme eines Placebos, kam er zu dem Schluß, die Arznei sei unwirksam.

Selbst Quellenhinweise werden nicht fehlerfrei übermittelt, obwohl dies doch nur eine reine Abschreibarbeit ist. Nach Auskunft der Ärztlichen Zentralbibliothek des Universitäts-Krankenhauses in Hamburg-Eppendorf gibt es im internationalen Schrifttum eine Quote von mehr als 10 Prozent falscher Literaturangaben. Diese ist bei der Übertragung inhaltlicher Aussagen natürlich deutlich höher, zumal hier subjektive Faktoren wie selektive Wahrnehmung hinzukommen.

Selbst ein falsch gesetztes Komma kann schwerwiegende Konsequenzen haben, wie zum Beispiel der für ganze Kindergenerationen gravierende Irrtum vom Eisen im Spinat zeigt. Daß er besonders viel Eisen enthält und deshalb gesund ist, gilt schon fast als Volksweisheit. Damit Kinder gesund aufwachsen, müssen sie Spinat essen. Die meisten mögen aber keinen. Deshalb wurde, um ihnen die Sache schmackhaft zu machen, der Comic-Held Popeye erfunden, der übermenschliche Kräfte aus Dosenspinat bezieht. Der täto-

4 Ein Placebo ist ein Scheinmedikament, zum Beispiel eine Pille, die nur aus Zucker besteht. Placebos können eine deutliche Wirkung haben, wenn man nur daran glaubt. Da natürlich auch ein tatsächliches Medikament einen solchen Placeboeffekt hat, ist es bei klinischen Studien notwendig, den Patienten, die das zu untersuchende Medikament nicht bekommen, ein Scheinmedikament zu verabreichen.

wierte und unentwegt rauchende Seemann war in seiner Vorbild-
rolle sehr erfolgreich. Noch heute erinnert eine Popeye-Statue in
Crystal City, Texas, daran, daß es ihm gelang, den Spinatkonsum
in den USA um 33 Prozent anzuheben. Gesünder geworden sind
dadurch aber allenfalls die Gemüsehändler, denn die ganze Geschichte beruht auf einem Irrtum.

Bereits Ende des 19. Jahrhunderts wurde «entdeckt», daß Spinat
überdurchschnittlich viel von dem für die Blutbildung lebensnot-
wendigen Eisen enthält. Auf dem Speisezettel war er damit dem
Fleisch ebenbürtig, was besonders in den Ernährungsengpässen
während des Zweiten Weltkriegs nützlich schien. Allerdings nur zu
Propagandazwecken, denn spätere Untersuchungen zeigten, daß
sich die Autoren der ersten Studie bei der Zusammenfassung ihrer
Ergebnisse in der Kommastelle verschrieben und dadurch den Ei-
sengehalt von Spinat zehnfach überhöht angegeben hatten. Spinat
enthält nicht mehr Eisen als Kohl oder Broccoli. Ganze Generationen von Kindern mußten wegen dieses Tippfehlers Spinat essen,
und viele müssen es noch heute, obwohl der Irrtum bereits vor
sechzig Jahren richtiggestellt worden ist [16]. Ob Popeye eine ähnlich durchschlagende Wirkung auf das Pfeiferauchen und das Tragen von Tätowierungen hatte, ist uns nicht bekannt.

Detaillierte und vollständige Dokumentationen von Experimenten oder klinischen Studien sind meist nur schwer lesbar. Auf dem
Weg zum eingängigen Text eines Lehrbuches oder Übersichtsarti-
kels, der sich auf das Wesentliche beschränkt, muß von Einzelheiten abstrahiert werden. Dies ist zwangsläufig mit dem Verlust von
Informationen verbunden. Offenbar gibt es auch in der Kommuni-
kation eine Art Unschärferelation: Übersichtlichkeit und Genauigkeit schließen einander aus.[5] Durch eine Vielzahl kleiner Änderungen entfernt sich der Text immer weiter von seiner Grundlage, den
erhobenen Originaldaten. Zunächst gehen vielleicht einige Angaben über Material und Methoden verloren. Später wird leicht aus

5 (Pro-)These: Das Produkt aus Exaktheit und Verständlichkeit einer Arbeit ergibt eine Konstante.

einer spekulativen eine sichere Aussage. Dies kann schrittweise zu allgemeineren Schlußfolgerungen führen, als die Befunde es belegen. Häufig gehen auch die Originaldaten verloren, als erstes zum Beispiel die Anzahl der untersuchten Patienten, eine Information, die für die Abschätzung des Fehlers zweiter Art essentiell ist. Übrig bleiben häufig nur Prozentzahlen oder relative Änderungen (vergleiche den Abschnitt «... es wirkt», Seite 130 f). Dieser Prozeß führt auf Kosten des wissenschaftlichen Inhalts sukzessive zu einer Verbesserung der Lesbarkeit des Textes. Besonders schwierig wird das Recherchieren der Datengrundlage, wenn im Verlauf dieser Rezeptionsgeschichte die Originalarbeiten, auf denen das Gedankengebäude beruht, nicht mehr zitiert werden. Dies ist bei Lehrbüchern häufig der Fall. In einer solchen Kette von Zitierungen ohne Rückgriff auf den ursprünglichen Text sind die einzelnen Zwischenschritte häufig vertretbar oder zumindest verständlich. Bei keinem von ihnen muß ein grobes Vergehen vorliegen. Dennoch wird zwangsläufig, wenn die Kette nur lang genug ist, am Ende grober Unfug stehen [17].

Unser Fachwissen beziehen wir im allgemeinen aus Übersichtsartikeln oder Lehrbüchern. Auf dem langen Weg dorthin wird eine Originalarbeit von verschiedenen Autoren mehrfach umgeschrieben. Für die dabei möglichen Interpretations- und Übertragungsfehler haben wir Beispiele geliefert. Mißverständnisse und Falschmeldungen, die den Sprung in Lehrbücher geschafft haben, sind nur sehr schwer wieder auszuräumen. Irrtümer dieser Art lassen sich wahrscheinlich nicht völlig vermeiden, aber doch zumindest reduzieren, unter anderem dadurch, daß man auf Sekundärzitate verzichtet. Allerdings ist dieser fromme Wunsch nicht so leicht zu realisieren. Auch dieses Buch enthält eine ganze Reihe von Sekundärzitaten.

Eigene Formulierungen beim vermeintlich sinngemäßen Zitieren können sinnentstellend sein. Besser ist es, die Aussagen der Originalarbeit möglichst *wörtlich* zu übernehmen – im Klartext: einfach abzuschreiben. Dies ist kein Plagiat, wenn die Arbeit ordentlich zitiert wird. In der wissenschaftlichen Literatur geht es in erster Linie um den – möglichst kristallklar dargestellten – Inhalt und nicht um besonders gelungene Formulierungen.

Wir, die Autoren, haben beim Abfassen dieses Kapitels gelernt, daß Sie unser Buch vielleicht gar nicht so verstehen werden, wie wir es geschrieben haben. Aber wahrscheinlich haben wir es auch nicht so geschrieben, wie wir es meinen. So könnten Sie uns zufällig doch verstehen.

Computermärchen
Computersimulationen und Rechenmodelle

Veröffentlichungen über mathematische Modelle und Computersimulationen nehmen in den letzten Jahren zu. Der Einfluß dieser Arbeiten auf die Entwicklung des jeweiligen Fachgebietes ist nicht zu unterschätzen. Rechenmodelle sind immer auch Denkmodelle. Sie können weite Bereiche der wissenschaftlichen Diskussion bestimmen und damit die Gedanken ganzer Generationen von Wissenschaftlern prägen.

Der große Einfluß mathematischer Modelle ist nicht unbedingt ein Zeichen für ihre Qualität. Eine Simulationsrechnung mit Dutzenden von Variablen, die noch vor einigen Jahren eine Großrechenanlage mehrere Tage lang beschäftigt hätte, läßt sich heute mit relativ kleinen Computern innerhalb weniger Minuten durchführen, was zu der wachsenden Zahl wissenschaftlicher Veröffentlichungen führt, die Simulationen und Modelle zum Inhalt haben. Allerdings sind bei weitem nicht alle von ihnen sinnvoll, selbst wenn sie in der Lage sind, die Meßdaten sehr gut zu beschreiben. Die folgende Geschichte illustriert das Problem.

Das Genuesische Zepter
Naturkonstanten auf einem prähistorischen Fund

In einer jüngst erschienenen Arbeit berichtet Doktor Nebbud Namreh-Snah vom Prehisteric Research Institute in Grubmah Inu, Fakistan, über den chronologischen Ablauf der Geschichte eines verschwundenen prähistorischen Fundes von unschätzbarer Bedeutung.

Im Jahre 1939 wird in der Nähe von Murci/Grosseto in einer Grabstätte ein keulenartiger Gegenstand entdeckt, dessen Alter Experten auf fünf- bis achttausend Jahre schätzen. Da die Wissenschaftler vermuten, daß das Fundstück ursprünglich religiösen Zwecken diente, bringen sie es zur Verwahrung ins Pfarramt von Scansano. Zehn Jahre später geht es, im Zuge der Haushaltsauflösung nach dem Tod des Pfarrers von Scansano, in den Besitz des Prähistorischen Museums zu Genua über. Dort landet es, sauber beschriftet, in einem Regal und bleibt zunächst unbeachtet.

Der Physiker und Hobbyarchäologe Goffredo Winkelmann, der seine Urlaube damit verbringt, die Archive und Abstellräume von Museen in Norditalien zu durchkämmen, erhält im Jahre 1953 die Genehmigung, die Magazine des Museums in Genua zu erkunden. So wird der Gegenstand an einem Sonntagnachmittag zum zweitenmal gefunden. Als Physiker fällt Winkelmann sofort auf, daß Material und Bearbeitung sehr untypisch für ein Objekt der vermuteten Herkunft sind. Im folgenden Jahr kehrt er gut vorbereitet nach Genua zurück und führt zahlreiche Untersuchungen durch, deren Ergebnisse er 1957 in einer leider unbedeutenden Fachzeitschrift veröffentlicht. In diesem Artikel gibt er dem Fundstück den Namen «Genuesisches Zepter», der bis heute verwendet wird. Ferner berichtet er dort von fünf auf dem Zepter kodierten Zahlen: 294, 11, 3, 70 und 20.

Fortan ist das «Genuesische Zepter» ein fester Bestandteil der Dauerausstellung im Museum. Sechs Jahre später sehen sich zwei amerikanische Wissenschaftler, ein Chemiker und ein Astronom, das Exponat an. Sie erhalten die Genehmigung, eine kleine Materialprobe mitzunehmen. Zwei Wochen nach Abreise der Wissenschaftler trifft ein Angebot der NASA ein, die das Zepter kaufen will. Da das Museum dringend ein neues Dach benötigt und das öffentliche Interesse am Zepter in letzter Zeit deutlich nachgelassen hat, wechselt das prähistorische Stück 1963 für 18 350 Dollar den Besitzer. Seitdem ist es der Öffentlichkeit nicht mehr zugänglich.

Im selben Jahr stößt der französische Dechiffrierungsexperte Jean-Jacques Dupont durch Zufall auf den Artikel von Goffredo Winkelmann. Von den fünf auf dem Zepter kodierten Zahlen fasziniert, macht er sich an die Arbeit, und ein Jahr später publiziert er im *Bulletin Prehisterique Bernaise* eine Liste von Naturkonstanten, die mit hoher Präzision auf dem Zepter verschlüsselt wiedergegeben sind (vergleiche Tabelle 29).

Zu ihnen gehört beispielsweise die mit beeindruckender Genauigkeit kodierte Zahl π. Das Produkt der zweiten und der fünften Zahl, dividiert durch die vierte ($B \times E/D = 11 \times 20/70$), stimmt mit einer Präzision von 0,04 Prozent mit π überein. Dupont wird jedoch vorgeworfen, nur Fotos und Zeichnungen des Zepters untersucht zu haben und mit seiner Interpretation zu übertreiben. Der geniale Dechiffrierungsexperte gerät in den Verdacht, ein Scharlatan zu sein.

Als Dupont die NASA bittet, das Zepter vorzuführen, damit die Sachlage geklärt werden könne, bestätigt sie zwar den Kauf eines «prähistorischen Gegenstandes», behauptet jedoch, dieser sei niemals vom Prähistorischen Museum zu Genua geliefert worden. Der Verbleib des Fundstücks bleibt lange Zeit ungeklärt.

Dreißig Jahre später wird das Zepter, wiederum an einem Sonntagnachmittag, auf einem Flohmarkt in Hamburg wiederentdeckt. Zahlreiche Forschergruppen stürzen sich auf diesen unerwarteten Fund. Die Arbeitsgruppe um den Modelexperten Kahlnager-Feld überprüft das Dupont-Modell, also die Formel

$$Y = A^a \times B^b \times C^c \times D^d \times E^e$$

Unter Beschränkung der Exponenten auf die ganzzahligen Werte -5, -4, -3, -2, -1, 0, 1, 2, 3, 4, 5 führt sie dazu eine Computersimulation durch. Nach Einsetzen der Winkelmannschen Zahlen konnte Duponts Tabelle aus dem Jahre 1964 völlig bestätigt werden.

Es gibt noch eine weitere wissenschaftliche Sensation. Mit extrem genauen, hochmodernen laseroptischen Methoden vermißt

Tabelle 29: Universelle physikalische Konstanten, die auf dem Genuesischen Zepter kodiert sind. Es bedeuten: A = 294; B = 11; C = 3; D = 70; E = 20 (nach Dupont 1964).

Konstante		Formel	Präzision
Zahl π	= 3,141593	BE/D	0,04 %
Zahl e	= 2,718282	$(B\,C/E)^2$	0,2 %
Lichtgeschwin-digkeit	= 2,997925 × 10^8 m s^{-1}	ACD^3	0,92 %
Mol-Volumen	= 0,0224136 m^3 Mol^{-1}	$(C/E)^2$	0,4 %
Atomare Mas-seneinheit	= 931,5 MeV	ABE/D	0,8 %
Ruheenergie des Elektrons	= 0,511 MeV	$(CD/A)^2$	0,16 %
Compton-Wel-lenlänge des Elektrons	= 2,4263 × 10^{-12} m	$1/(C/D)^5$	0,92 %
Protonenmasse	= 1,67261 × 10^{-27} kg	$1/(ABD)^5$	0,6 %
Bohrscher Radius	= 5,29166 × 10^{-11} m	$C^2/(ADE)^2$	0,4 %
Masseverhält-nis Proton/ Elektron	= 1836,1	$(C/E)^5 D^4$	0,7 %
Gravitations-konstante	= 6,673 × 10^{-11} N m^2 kg^{-2}	$1/(C^2 D^5)$	0,93 %
Loschmidt-Zahl	= 6,02217 × 10^{-23} Mol^{-1}	$1/(A^4 B^3 D^5)$	0,7 %
Elementar-ladung	= 1,602192 × 10^{-19} Cb	$\dfrac{1}{(ABCD)^3 E}$	0,4 %
Boltzmann-Konstante	= 1,38062 × 10^{-23} JK^{-1}	$\dfrac{BC}{A^5 E^5 D^3}$	0,9 %

der Italiener Nero Maghi das Zepter erneut und kommt zu dem Ergebnis, daß drei der Winkelmannschen Zahlen geringer, aber offenbar bedeutsamer Korrekturen bedürfen. Nach diesen neuesten Erkenntnissen sind folgende fünf Zahlen auf dem Zepter kodiert: die Länge (A = 294,7741 Millimeter), die Anzahl der Zinken (B = 11), drei Löcher hat das Zepter (C = 3), die breiteste Breite (D = 70,0826 Millimeter) und die schmalste Breite (E = 20,0156 Millimeter).

Uns erscheinen die Maghischen Zahlen sehr krumm. Das mag daran liegen, daß die Schöpfer dieses rätselhaften Gegenstandes ein anderes Maßsystem als wir benutzt haben (man bedenke zum Beispiel, daß 1 Yard 0,91440 Metern entspricht). Auf jeden Fall sind sie in Mathematik sehr bewandert gewesen, und damit kommen wir zu der zweiten Sensation. Die neuen laseroptisch gemessenen Werte und die bewährte Dupontsche Formel geben die vom jeweiligen Maßsystem unabhängigen Naturkonstanten «π» und «e» mit einer Präzision von 0,00027 Prozent (π) und 0,00088 Prozent (e) wieder.

Wie kann ein derart präzise gefertigtes Instrument Jahrtausende überdauern, ohne diese Genauigkeit einzubüßen? Welches Material ist in der Lage, den Umwelteinflüssen derart zu trotzen? Um diesen Fragen nachzugehen, werden chemische und massenspektroskopische Analysen durchgeführt. Die High-Tech-Untersuchungen offenbaren, daß das Material des Gegenstandes eine statistisch signifikant seltene Legierung ist ($P \leq 0,05$; weniger als jedes zwanzigste Zepter besteht daraus). Diese Meßergebnisse führen schließlich 1996, im Jahr der Entdeckung von Leben auf dem Mars (Grady et al. 1996; McKay et al. 1996), zu dem Schluß, daß das Fundstück extraterrestrischen Ursprungs ist.

Alle bislang vorliegenden Erkenntnisse über das Objekt sind mit dieser sensationellen Hypothese vereinbar. Nachträglich wird dadurch auch verständlich, weshalb sich die NASA für diesen Vorfall interessierte.

Wiederum ist es einem Nichtarchäologen, nämlich dem Biophysiker Orst Jeune, vorbehalten, weitere Geheimnisse aufzudecken.

Jeune gelingt mit einer explorativen Computersimulation (induktive Monte-Carlo-Determination) der Nachweis, daß das Zepter Informationen über die Zukunft enthält (Tabelle 30). Die vor Jahrtausenden niedergeschriebenen Zahlen sagen seiner Ansicht nach einige hochaktuelle Ereignisse mit erstaunlicher Genauigkeit vorher. Hinzu kommen die Maße epochemachender Bauwerke, Einwohnerzahlen in zukünftigen Jahren und sogar Telefonnummern, aufgezeichnet lange vor Erfindung des Telefons.

Nun ist nicht mehr daran zu zweifeln, daß Dupont bereits vor über dreißig Jahren eine unfaßbare Weitsicht bewiesen hat, was vielleicht gerade darauf zurückzuführen ist, daß er, der allen anderen so weit voraus war, der Scharlatanerie bezichtigt wurde. Unterstützt von modernster Computertechnologie, zeigen Wissenschaftler mit demselben bewährten Dupontschen Modell, daß die Naturkonstanten auch in den Pyramiden von Gizeh, den Kanälen auf dem Mars, in den immer wieder auftretenden geheimnisvollen Kornkreisen und in der Lochgröße von Schweizer Käse universell kodiert sind. Die Schöpfer des Zepters scheinen allgegenwärtig zu sein [18].

Dies ist die faszinierende Geschichte eines ebenso faszinierenden prähistorischen Gegenstandes. Fast beispielhaft zeigt sie das manchmal dramatische Auf und Ab im Leben enthusiastischer Forscher parallel zum Auf und Ab der Bedeutung, die einem sensationellen Fund im Laufe der Zeit beigemessen wird. Obwohl nun alle Beweise erbracht und die Herkunft und Bedeutung des Zepters geklärt sind, möchten wir noch eine Anekdote hinzufügen, ohne die diese Geschichte unvollständig wäre.

Im Jahre 1999 weisen die Wissenschaftler und offenbar unbelehrbaren Dissidenten Beque-Bolt und Du Pain darauf hin, daß sich mit fünf Zahlen und elf Exponenten $11^5 = 161\,051$ Zahlen berechnen lassen und daß vierzehn davon den Konstanten rein zufällig sehr nahe kommen. Man müsse lediglich sämtliche Kombinationen von einem Computer durchspielen lassen, mit möglichst vielen bekannten Konstanten vergleichen und nachträglich diejenigen publizieren, die man mit ausreichend beeindruckender Genauigkeit

Tabelle 30: Mit Hilfe des Genuesischen Zepters vorhergesagte Ereignisse und kodierte Maße. Die Berechnungen wurden mit dem Dupont-Modell und den fünf Maghischen Zahlen durchgeführt (nach Orst Jeune 1996).

Ereignis / Sachverhalt	Zahl	Formel	Präzision
Keilerei bei Issus	333	$A^4 \times B^{-3} \times C^{-5} \times D^{-1} \times E^0$	0,028 %
E. T. A. Hoffmann, Geburtsjahr	1776	$A^{-3} \times B^{-5} \times C^3 \times D^5 \times E^4$	0,004 %
Johannes Paul II., Geburtsjahr	1920	$A^2 \times B^3 \times C^0 \times D^{-4} \times E^2$	0,009 %
Beginn des Zweiten Weltkriegs	1939	$A^2 \times B^3 \times C^{-5} \times D^{-2} \times E^1$	0,002 %
Ende des Zweiten Weltkriegs	1945	$A^2 \times B^{-5} \times C^2 \times D^0 \times E^2$	0,0084 %
Steffi Graf, Geburtsjahr	1969	$A^{-4} \times B^2 \times C^{-2} \times D^3 \times E^5$	0,0032 %
Wiedervereinigung von BRD und DDR	1989	$A^3 \times B^{-1} \times C^2 \times D^{-5} \times E^4$	0,0007 %
Entdeckung von Leben auf dem Mars	1996	$A^3 \times B^3 \times C^{-4} \times D^{-5} \times E^3$	0,012 %
Länge des Suez-Kanals (km)	162,5	$A^5 \times B^{-5} \times C^4 \times D^{-3} \times E^{-1}$	0,02 %
Länge des Großen St. Bernard Tunnels (km)	5,83	$A^0 \times B^1 \times C^{-4} \times D^3 \times E^{-3}$	0,0083 %
Länge des Euro-Tunnels (km)	50	$A^{-1} \times B^0 \times C^1 \times D^2 \times E^0$	0,027 %

Ereignis / Sachverhalt	Zahl	Formel	Präzision
Fläche Venezuelas im Jahre 1990 (km^2)	916 050	$A^2 \times B^5 \times C^1 \times D^1 \times E^{-5}$	0,02 %
Länge der Chinesischen Mauer (km)	2450	$A^2 \times B^1 \times C^3 \times D^{-5} \times E^4$	0,002 %
Roheisenerzeugung der VR China im Jahre 1990 (Mio. Tonnen)	62,4	$A^1 \times B^0 \times C^{-3} \times D^{-1} \times E^2$	0,016 %
Einwohner Berlins, 3. Oktober 1990	3 314 004	$A^2 \times B^0 \times C^{-1} \times D^{-1} \times E^3$	0,000001 %
Einwohnerzahl in Timmendorfer Strand im Jahre 1990	11 500	$A^5 \times B^{-4} \times C^5 \times D^0 \times E^{-5}$	0,014 %
Durchwahl Beck-Bornholdt	3563	$A^2 \times B^3 \times C^{-4} \times D^0 \times E^{-2}$	0,013 %
Durchwahl Dubben	2545	$A^{-4} \times B^5 \times C^{-4} \times D^4 \times E^2$	0,017 %
Rufnummer des Rettungsdienstes in Baden-Württemberg	19222	$A^1 \times B^2 \times C^4 \times D^{-4} \times E^4$	0,0012 %

mit den gegebenen Winkelmannschen Zahlen und der Dupont-Formel habe berechnen können. Dieser destruktive Einwand wird international totgeschwiegen.

Doch damit nicht genug – Beque-Bolt und Du Pain melden sich nochmals mit einer schier unglaublichen Unterstellung zu Wort: Man berechne mit den alten Winkelmannschen Zahlen und Formeln für π und e die dazugehörigen Präzisionen. Nun könne man die nicht abgezählten, sondern gemessenen Zahlen A, D und E ein klein wenig abändern und dabei die Genauigkeit optimieren. Ein Computerprogramm schaffe das in Sekunden. Dieser Einwand kommt dem Vorwurf des Betruges gleich und wird von der Gemeinde internationaler Zepterforscher verständlicherweise nicht ernst genommen.

Zu einem letzten Aufbäumen gegen die bahnbrechenden Erkenntnisse der nunmehr molekularen Zepterforschung kommt es im Jahr 2001. Die Veranstalter der Vorlesung «Vom Irrtum zum Lehrsatz» an der Universität Hamburg behaupten vergeblich, das Zepter sei ein einfacher Nudellöffel (Abbildung 31) und sie hätten diese echte, aber unwahre Geschichte erfunden, um zu zeigen, daß man mit sinnlosen Modellen vieles erklären kann. – Aber auch

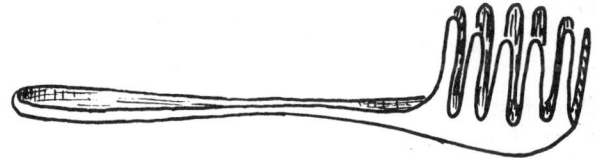

Abbildung 31: Das Genuesische Zepter, das bereits vor fünftausend Jahren, also lange vor Erfindung der Nudel, in der Form eines Nudellöffels gefertigt wurde. Technische Daten nach Maghi: Gesamtlänge A = 294,7741 Millimeter; Anzahl der Zinken B = 11; Anzahl der Löcher im Griff (in der Abbildung verdeckt) C = 3; größte Breite D = 70,0826 Millimeter; kleinste Breite E = 20,0156 Millimeter.

diese letzten Zweifler werden mit dem einleuchtenden Argument vertrieben, daß es vor fünftausend Jahren noch gar keine Nudeln gegeben habe.

Lady Dis Baseballkappe
Über wissenschaftliche Spekulationen

Bitte ziehen Sie jetzt nicht den Schluß, alle mathematischen Modelle und Computersimulationen seien nutzlos. Es gibt sehr nützliche Anwendungen dieser Verfahren, wie sie beispielsweise Dietrich Dörner in seinem Buch *Die Logik des Mißlingens* (1989) beschreibt.

Das einfachste und wichtigste Kriterium zur Beurteilung eines mathematischen Modells ist, ob es auf reale Daten, das heißt gemessene Ergebnisse, angewandt wurde. Erstaunlicherweise konfrontieren viele Wissenschaftler, die Modelle entwickeln, ihre Schöpfungen überhaupt nicht mit der Realität. Solche Berechnungen aus dem Elfenbeinturm sind für den praktischen Einsatz vollkommen wertlos. Modelle müssen an harten Fakten erprobt werden. Je größer die Anzahl erfolgreicher unabhängiger Anwendungen auf Untersuchungsergebnisse, um so größer die Wahrscheinlichkeit, daß sich das Modell auch auf weitere Datensätze übertragen läßt.

Eine bewährte wissenschaftliche Vorgehensweise wird William von Ockham zugeschrieben, der im 14. Jahrhundert lebte. «Ockhams Klinge» besagt, daß von zwei gleichwertigen Hypothesen die einfachere zu bevorzugen ist. Diese rationale Rasur ist ein probates Mittel gegen allerlei Abseitigkeiten [19] und kann analog auch bei mathematischen Modellen eingesetzt werden, indem man sich auf möglichst wenige Parameter beschränkt. Es gibt eindeutige Kriterien dafür, wie viele Parameter für bestimmte Probleme sinnvoll sind, aber nicht jeder hält sich daran.

Ein weiteres wichtiges Kriterium für die praktische Bedeutung eines Modells ist die Frage nach den expliziten und den impliziten Annahmen, die für die mathematische Formulierung notwendig waren. Sie entsprechen dem Kleingedruckten bei einem Kaufvertrag. Besonders verdächtig ist, wenn überhaupt keine Prämissen ersichtlich sind. Ein krasses Beispiel für ein Modell, das auf völligem Unsinn beruht, ist die sogenannte Ellis-Formel, mit der lange Zeit die Dosen bei der Strahlentherapie von Tumoren berechnet wurden (Willers und Beck-Bornholdt 1996). Der Formel lag unter anderem implizit die Annahme zugrunde, daß sich Tumorzellen *nicht* vermehren, was natürlich biologisch vollkommen unsinnig ist. Zellen, die sich nicht vervielfachen, können keinen Tumor bilden. Darüber hinaus beruhte die gesamte Formel auf einem Fehler bei der Darstellung der Meßergebnisse (Thames und Hendry 1987). Und doch hat sie über Jahrzehnte das Denken und Handeln in der Strahlentherapie beherrscht – noch heute berechnen einige prominente Mediziner damit ihre Strahlendosen. Nach Lektüre der Originalarbeit (Ellis 1969), die offenbar kaum jemand gelesen hat, ist nicht zu verstehen, weshalb die Ellis-Formel überhaupt zur Kenntnis genommen wurde.

Was haben Diskussionen auf wissenschaftlichen Fachtagungen mit Lady Dis Baseballkappe vom Winter 1995 gemeinsam? Ihren sportlichen Kopfschmuck zierte die aus irgendwelchen Gründen für ungewöhnlich gehaltene Zahl 492, was ebenfalls Anlaß zu erregten Debatten gab. Denn keine Frage – auf derart erlauchtem Kopf getragen, mußte die Zahl etwas bedeuten. «Der Monarchieexperte der Zeitung ‹Times› hatte spekuliert, der Code sei eine Anspielung auf die ersten drei Buchstaben des Spitznamens ‹Dibbs›, den die Prinzessin ihrem Geliebten James Hewitt gegeben hatte», berichtete das *Hamburger Abendblatt* Ende 1995. «So stehe die Vier für D, den vierten Buchstaben des Alphabets, und so weiter. Leser der ‹Times› hielten diese Erklärung für abwegig. Ein Sportler mutmaßte, Diana spiele auf den Kapitän der Kricket-Nationalmannschaft, Michael Atherton, an. Er hatte beim letzten Testspiel gegen Südafrika 492 Bälle erfolgreich geschlagen. Nach Einschätzung eines Musikexperten gibt die Kombination 492 hingegen Anlaß zur Hoffnung für jene, die noch immer auf eine Aussöhnung von Diana und Charles setzen. Im Köchelverzeichnis trägt nämlich Mozarts Oper ‹Die Hochzeit des Figaro› die Nummer 492 – und darin kommt es zum Happy-End.» – Alle Hoffnungen auf ein Happy-End mußten zwei Jahre später begraben werden.

Oft geht es bei hochtrabenden wissenschaftlichen Diskussionen auch nicht anders her. Je weniger wir von einer Sache verstehen, um so ausschweifender können wir darüber diskutieren.

Wahlkreistango, kriminelle Vereinigungen und krebsresistente Linkshänder
Datenschiebereien und Paradoxa

In diesem Kapitel zeigen wir Ihnen, wie eine Partei einen höheren Prozentsatz der Wähler hinter sich bringen kann, ohne eine einzige Stimme hinzuzugewinnen. Sie werden sehen, wie ein neues Medikament, das in allen Krankenhäusern schlechtere Ergebnisse liefert als das herkömmliche, auch ohne bösen Vorsatz insgesamt besser abschneidet. Sie werden erfahren, daß Linkshänder seltener Krebs bekommen als Rechtshänder und wie ein Unternehmen durch geschickte Umverteilung von Mitarbeitern in allen Filialen deutliche Umsatzsteigerungen erzielt, ohne mehr zu verkaufen.

Der Hund, der Eier legt
Verwechslung von Anzahl und Anteil

> Was manche Leute sich selbst vormachen,
> das macht ihnen so schnell keiner nach.
> *Gerhard Uhlenbruck*

Eine besonders vertrackte Manipulationsmethode bei der Darstellung von Daten ist die Verwechslung von Anteil und Anzahl. Manchmal ist sie so versteckt und irreführend, daß wir den Eindruck haben, viele Anwender bedienten sich ihrer nicht vorsätzlich, sondern seien selbst darauf hereingefallen. Auch uns passiert das immer wieder.

Diese Art der Verwechslung kann viel bewirken. Auf magisch anmutende Weise entstehen dann plötzlich Effekte, wo keine sind.

Mitunter werden bei der Interpretation wissenschaftlicher Daten sogar Schlußfolgerungen gezogen, die das Gegenteil dessen besagen, was sie tatsächlich belegen. Das Jonglieren mit Prozentzahlen ist ein Wundermittel gegen unliebsame und für erwünschte Ergebnisse. Zur Immunisierung haben wir ein paar Beispiele zusammengestellt.

Für die Fischereiwirtschaft von großem Interesse und deshalb sorgsam überwacht ist der Anteil der Nutzfische am Gesamtfang, das heißt der Prozentsatz der Fische, die man verkaufen kann. Abbildung 32 zeigt seine (von uns erfundene) Entwicklung in einem Fluß unterhalb von Sudelhafen. Dort wurde vor zehn Jahren eine neue Kläranlage in Betrieb genommen, so daß sich der Eintrag von Schadstoffen in das Flußwasser reduzierte. Danach war der Anteil der Nutzfische innerhalb von zehn Jahren von 10 auf 90 Prozent angestiegen. Dies entsprach einer Verneunfachung des Bestandes – oder? Das Landesministerium nahm diese Ergebnisse freudig auf und leitete ähnliche Maßnahmen für analoge Situationen ein. Das Bundesumweltministerium erwog spezielle Fördermaßnahmen bei Übernahme dieses erfolgreichen Modells durch die Kommunen.

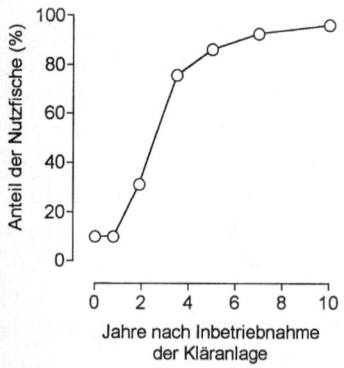

Abbildung 32: Entwicklung des Nutzfischbestandes in einem Fluß nach Inbetriebnahme einer Kläranlage

Leider stellt sich die Situation jedoch ganz anders dar als erhofft. Abbildung 33 zeigt eine der unendlich vielen (!) Möglichkeiten, wie sich die tatsächliche *Anzahl* der Fische verändert haben könnte. Beispielsweise könnte die der Nutzfische konstant bei 250 geblieben sein, die der anderen Fische aber drastisch abgenommen haben, und zwar von 2250 auf etwa 25. Dadurch steigt natürlich der *Anteil* beziehungsweise der Prozentsatz der Nutzfische. Dieser kann sich übrigens auch dann noch erhöhen, wenn ihr tatsächlicher Bestand sinkt. Dazu müssen die anderen Fische nur etwas schneller sterben als in der Abbildung.

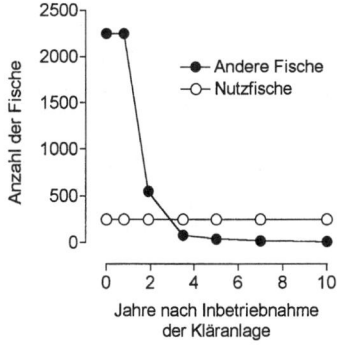

Abbildung 33: Mögliche Entwicklung der Anzahl der Nutzfische in einem Fluß nach Inbetriebnahme einer Kläranlage. Diese Ergebnisse stimmen mit den Anteilen der Abbildung 32 überein.

Noch auffälliger ist der Fehlschluß in folgender Geschichte: Auf dem Küchentisch liegen sieben Würstchen und drei Eier, also zusammen zehn Dinge (Abbildung 34). Die Eier machen somit 30 Prozent (3/10 × 100% = 30%) der Gegenstände auf dem Tisch aus. Dann betritt ein Hund unbeobachtet den Raum. Er frißt fünf Würstchen auf – mehr schafft er beim besten Willen nicht. Jetzt sind noch zwei Würstchen und drei Eier übrig, also insgesamt fünf Dinge. Der Eier*anteil* beträgt jetzt 60 Prozent (3/5 × 100% = 60%). Durch die wunderbare Tat des Hundes hat er sich verdoppelt! Soweit ist noch alles richtig, aber zu folgern, daß sich die *Anzahl* der Eier verdoppelt hat und der Hund somit Eier legen kann,

Abbildung 34: Der Hund, der Eier legt, bei der Arbeit

ist schlicht falsch. Diese Geschichte klingt unglaublich banal, hat aber zahlreiche Parallelen in der wissenschaftlichen Literatur [20]. Das folgende Beispiel ist symptomatisch.

In den letzten Jahrzehnten wurde in den Industrienationen eine kontinuierliche Zunahme der Todesursache Krebs verzeichnet. In Deutschland stirbt mittlerweile etwa jeder vierte an dieser Erkrankung, eine Entwicklung, die viele auf eine höhere Schadstoffbelastung und ungesündere Lebensweise des Menschen zurückführen. Ein Beispiel für diese Auffassung ist ein Artikel mit dem Titel «Verursachen Umwelt-Östrogene Brustkrebs?» aus der Zeitschrift *Spektrum der Wissenschaft* (Davis et al. 1995). Die Autoren wollen zeigen, daß in den USA Brustkrebserkrankungen während der letzten zwei Jahrzehnte deutlich zugenommen haben (Abbildung 35). In der Grafik ist die Anzahl der diagnostizierten Fälle pro 100 000 Frauen gegen die Jahreszahl aufgetragen. Die mittlere Kurve zeigt den Verlauf für alle Frauen und läßt zwischen 1973 und 1991 einen Anstieg von etwa 80 auf etwa 110 je 100 000 Frauen erkennen. Bei der oberen Kurve, die die Ergebnisse für Frauen über fünfzig Jahre darstellt, ist diese Zunahme deutlicher, nämlich von etwa 250 auf etwa 340 je 100 000. Die untere Kurve zeigt den Verlauf bei den

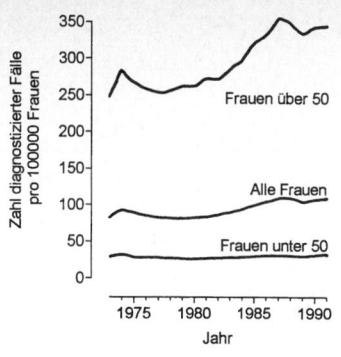

Abbildung 35: Zunahme der Brustkrebshäufigkeit bei Frauen in den USA (Davis et al. 1995)

Jüngeren unter fünfzig Jahren. Hier erkranken etwa dreißig von 100 000 jährlich. Ein Anstieg ist nicht zu erkennen.

Abbildung 35 zeigt sehr deutlich, daß Brustkrebs mit zunehmendem Alter immer wahrscheinlicher wird. Die Erkrankung tritt bei Frauen über fünfzig etwa zehnmal häufiger auf als bei Frauen unter fünfzig. Diese sind jährlich in etwa dreißig, jene in etwa dreihundert Fällen pro 100 000 betroffen.

Der *Spektrum*-Artikel berücksichtigt nicht, daß die Lebenserwartung in dem betrachteten Zeitraum erheblich zugenommen hat. Dieser Umstand hat auf die Alterszusammensetzung der «Frauen unter fünfzig» kaum Auswirkungen, denn die älteste Frau in dieser Gruppe ist nach wie vor 49 Jahre alt. Bei ihnen hat sich die Anzahl der Erkrankungsfälle in den beiden letzten Jahrzehnten nicht geändert (untere Kurve in Abbildung 35). Das Durchschnittsalter der «Frauen über fünfzig» hingegen ist deutlich höher, denn es gibt heute viel mehr Achtzig- und Neunzigjährige als noch vor zwanzig Jahren. Die ansteigende Krebshäufigkeit bei dieser Gruppe geht also wahrscheinlich auf das wachsende altersbedingte Krebsrisiko zurück. Eine reale Zunahme der Erkrankungsfälle besteht nur, wenn sie bei Gleichaltrigen beobachtet wird. Der Zuwachs der Krebsinzidenz ist damit in diesem Fall paradoxerweise

171

eine gute Nachricht, weil er auf eine höhere Lebenserwartung hinweist.

Erlauben Sie uns, ein wenig zu übertreiben: Herz-Kreislauf-Erkrankungen und Krebs sind in den Industrienationen die häufigsten Todesursachen. Wenn es gelänge, erstere mit einem Wundermittel auszuschalten, würde der *Anteil* der Krebstoten zunehmen. Wer nicht an Herz-Kreislauf-Versagen stirbt, der stirbt an etwas anderem. Und die häufigste dieser anderen Todesursachen ist Krebs. Es erscheint nicht allzu abwegig, daß wir dann mit der Katastrophenmeldung «Herzpillen verursachen Krebs!» rechnen müssen. In den USA würde die Herstellerfirma wegen der zahlreichen Prozesse bald Konkurs anmelden, und auch in Europa hätten die Kläger mit ihren Protesten wahrscheinlich auf Dauer Erfolg, so daß das Wundermittel aus dem Verkehr gezogen werden müßte. Die Menschen würden wieder wie früher und viel früher an Herz-Kreislauf-Erkrankungen sterben. Und die Krebsrate nähme endlich wieder ab.

Berichte über weniger Todesfälle infolge von Krebs und Herz-Kreislauf-Versagen in weniger entwickelten Ländern sind also nicht unbedingt ein Beweis für gesündere Umwelt, Ernährung und Lebensführung, sondern können auf die geringere Lebenserwartung in diesen Regionen zurückgeführt werden. Wer mit dreißig an Cholera stirbt, kann nun mal nicht mit fünfundsiebzig an Krebs erkranken.

Nach demselben Muster strickten vor wenigen Jahren zwei Chirurgen der Universität Lund in Schweden einen eher amüsanten Trugschluß. Sie berichteten in einer europäischen Fachzeitschrift (Olsson und Ingvar 1991), daß unter 395 von ihnen untersuchten Patientinnen mit Brustkrebs lediglich sechs Linkshänderinnen waren. Dieser Anteil von 1,5 Prozent liegt deutlich unter dem Durchschnitt der weiblichen Bevölkerung in Südschweden, der etwa 5 Prozent beträgt (258 von 5158 befragten Frauen). Die Händigkeit wurde danach bestimmt, mit welcher Hand die Frauen schrieben, ungeachtet der Tatsache, daß es viele Linkshänderinnen gibt, denen aufgezwungen wurde, mit rechts zu schreiben. Der Unterschied zwischen 1,5 und 5 Prozent ist hochsignifikant.[1] Die beiden Chirurgen führen ihren Befund darauf zurück, daß hormonelle Faktoren in der frühesten Kindheit sowohl die Händigkeit als auch das Brustkrebsrisiko festlegen. Sind Linkshänderinnen wirklich resistenter gegen Brustkrebs? Einleuchtender klingt eine andere Erklärung: Eine amerikanische Studie zeigte, daß Linkshänder – aus unbekannten Gründen – eine neun Jahre geringere Lebenserwartung haben als Rechtshänder (Halpern und Coren 1991). Brustkrebs ist eine Alterskrankheit. Und wenn Linkshänderinnen nicht so alt werden wie Rechtshänderinnen, dann haben sie dadurch ein geringeres Risiko, Brustkrebs zu entwickeln (Lowry 1992).

Ein Spitzenergebnis der Verwechslung von Anteil und Anzahl ist ein kürzlich in dem angesehenen *New England Journal of Medicine* erschienener Artikel über die Besetzung von Spitzenpositionen in den Kinderkliniken der USA (Kaplan et al. 1996). Anlaß der Studie war die Beobachtung, daß diese Posten meist von Männern bekleidet werden, obwohl der Frauenanteil in der Kinderheilkunde besonders groß ist. Um die Ursache ausfindig zu machen, wurde die Verteilung der Arbeitszeit auf die drei Bereiche Krankenversorgung, Lehre und Forschung untersucht. Dabei zeigte sich, daß Frauen einen größeren Anteil ihrer Arbeitszeit auf Krankenversorgung (46 Prozent) und Lehre (31 Prozent) verwenden als Männer (44 beziehungsweise 30 Prozent), aber einen kleineren (23 gegen-

---

1 Die Berechnung erfolgt, wie gewohnt, mit dem Vierfeldertest:

	Linkshänderinnen	Rechtshänderinnen	Summe
Brustkrebspatientinnen	6	389	395
Weibliche Bevölkerung	258	4900	5158
Summe	264	5289	5553

$$\chi^2 = \frac{5552 \times (389 \times 258 - 6 \times 4900)^2}{264 \times 5289 \times 5158 \times 395} = 9{,}83$$

Das Ergebnis ist hochsignifikant (P < 0,002).

über 26 Prozent) mit Forschung zubringen. Dieser Unterschied war statistisch signifikant. Da wissenschaftliche Produktivität für eine akademische Karriere unerläßlich ist, schließt die Studie mit der Feststellung, daß Frauen in ihrem beruflichen Fortkommen benachteiligt sind, weil sie mehr Zeit in die Krankenversorgung und Lehre investieren als Männer.

Tabelle 31: Relative und absolute wöchentliche Arbeitszeit

	Wöchentliche Arbeitszeit in Prozent		Wöchentliche Arbeitszeit in Stunden		Zusätzliche Arbeitszeit der Männer
	Männer	Frauen	Männer	Frauen	
Forschung	25,6 %	23,4 %	16,5	14,2	+ 17 %
Lehre	30,3 %	30,8 %	19,5	18,6	+ 5 %
Krankenversorgung	44,1 %	45,8 %	28,4	27,7	+ 3 %

Diese Schlußfolgerung ist jedoch falsch. In der Untersuchung wird beiläufig erwähnt, daß die Frauen im Durchschnitt 60,5, die Männer im Mittel 64,4 Stunden wöchentlich arbeiten. Aus diesen Angaben kann man die tatsächlich geleisteten absoluten Arbeitsstunden berechnen und stellt fest, daß die Männer nicht nur mehr Zeit für Forschung, sondern auch für Lehre und Krankenversorgung aufwenden (Tabelle 31). Die geringeren Aufstiegschancen der Kinderärztinnen in den USA sind daher nicht auf ihre stärkere Belastung mit Routineaufgaben zurückzuführen, sondern darauf, daß die männlichen Kollegen zumindest im Beruf signifikant mehr arbeiten. Sicherlich wäre es interessant herauszufinden, weshalb sie mehr Zeit in ihren Beruf investieren können oder wollen. Obige Studie trägt nicht zur Aufdeckung der Ursachen, sondern eher zu deren Verschleierung bei. Unseren Leserbrief, in dem wir auf diesen Trugschluß hinwiesen, hat die Zeitschrift nicht abgedruckt.

Kriminelle Vereinigung
Unzulässiges Gruppieren von Daten

> In Paris gibt es ungefähr genauso viele Menschen
> und Elche wie in Norwegen.
> *Oskar Hermann*

Ein triviales Beispiel für unzulässiges Gruppieren von Daten ist
etwa die Zeitungsmeldung «Hunderttausend Tote und Obdachlose durch Überschwemmungen in Bangladesch». Das hört sich
außerordentlich dramatisch an und ist eine Schlagzeile wert. Die
differenziertere Meldung «Zwei Tote und etwa hunderttausend
Obdachlose ...» erscheint deutlich weniger sensationell. Durch
unzulässiges Gruppieren werden die Leser mit der reinen Wahrheit
in die Irre geführt.

Eine «wissenschaftliche» Variante dieses Vorgehens zeigt Abbildung 36 mit den Originaldaten einer vielbeachteten (Withers
1992) internationalen klinischen Studie der Radioonkologie (Horiot et al. 1992). Die schraffierten Balken zeigen die Resultate der
Standardtherapie, die schwarzen Balken die Ergebnisse einer
neuen Methode, die eine geliebte Erfindung der Autoren jener
Studie ist und entsprechend favorisiert wird. Auf der linken Seite
der Abbildung ist die Häufigkeit schwerer Nebenwirkungen aufgetragen.

Die neue Therapie schneidet deutlich schlechter ab, da bei ihr
etwa doppelt so viele schwere Nebenwirkungen auftreten wie bei
der alten Behandlung, ein Resultat, über das die Initiatoren der
Studie sicherlich nicht erfreut waren, und sie haben es mit diesem
deutlichen Befund auch nie publiziert [21]. Andererseits ist es nur
schwer möglich, über solche Untersuchungsergebnisse zu berichten, ohne die Nebenwirkungen zu erwähnen, und so wurden die
schweren mit den moderaten, die in Anbetracht der Schwere der
Erkrankung belanglos sind, für die Veröffentlichung vermischt
(rechte Seite der Abbildung). Durch diese Verwässerung der ursprünglichen Daten erscheinen beide Behandlungen annähernd

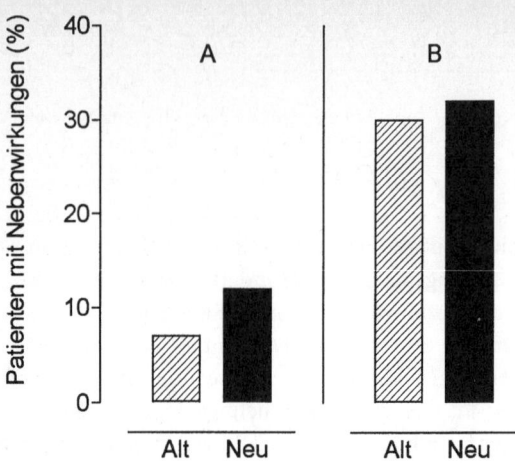

Abbildung 36: Häufigkeit moderater und schwerer Nebenwirkungen bei einer international renommierten Studie zur Strahlentherapie von Tumoren im Hals-Kopf-Bereich. A: Nicht veröffentlichte Daten – hier werden nur die schweren Nebenwirkungen gezeigt. B: Veröffentlichte Daten – moderate und schwere Nebenwirkungen werden in einen Topf geworfen.

gleichwertig, denn der kleine Unterschied von 30 zu 32 Prozent ist tatsächlich ohne Bedeutung.

Alles andere als belanglos ist, daß diese frisierten Ergebnisse mittlerweile auch in den Lehrbüchern über Radioonkologie als Beweis für geringe Nebenwirkungen bei Anwendung der neuen Methode angeführt werden (Horiot 1993; Joiner 1993).

Eine besonders unverschämte Variante des unzulässigen Gruppierens fanden wir in einem Bericht eines amerikanischen Krebszentrums (Cox et al. 1991). Zum Verständnis der Manipulation, die wir dort entdeckten, sind ein paar Vorbemerkungen erforderlich. Um herauszufinden, ob eine neue Therapie besser ist als die konventionelle, wird bei klinischen Studien üblicherweise eine Gruppe von Patienten einer oder mehrerer gemeinsam forschender

Kliniken über einen bestimmten Zeitraum entweder mit dem neuen oder dem Standardverfahren behandelt. Welcher Patient welche der beiden Therapien erhält, entscheidet das Los. Dieses Vorgehen heißt «Randomisierung». Es verhindert bewußte oder unbewußte Manipulationen bei der Zuordnung der Patienten zu den Therapieformen. Ein Arzt, der eine von ihm entwickelte Behandlungsmethode mit einer konventionellen vergleichen will, könnte sonst Patienten mit besonders guten Heilungschancen vorzugsweise seiner eigenen und die besonders schwierigen Fälle dem Standardverfahren zuordnen.[2]

Ist eine Studie abgeschlossen, wird das Ergebnis veröffentlicht.

2 Nebenbei ein paar Informationen zu Randomisierung und Blindstudien: Es gibt strenge gesetzliche Regelungen, die vorschreiben, wann ein solches Losverfahren durchgeführt werden darf. Zunächst einmal muß wirklich unklar sein, welche der beiden Behandlungen besser ist. Wüßte man dies bereits, so wäre eine derartige Untersuchung aus ethischen Gründen abzulehnen.

Eine weitere Voraussetzung ist selbstverständlich die Zustimmung des Patienten, der ein ausführliches und dokumentiertes Aufklärungsgespräch mit dem Arzt vorausgehen muß. Ohne eine solche Zustimmung darf niemand einem Losverfahren unterworfen werden. Sie brauchen also heutzutage keine Angst zu haben, daß Sie als Patient an klinischen Studien teilnehmen, ohne davon zu erfahren. Die gesetzlichen Bestimmungen über klinische Studien sind derart streng, daß sie die Arbeit forschender Ärzte zum Teil sehr erschweren oder gar verhindern. Das kann von Fall zu Fall sinnvoll sein, aber ohne klinische Tests gibt es keinen medizinischen Fortschritt. Auch diese Medaille hat zwei Seiten.

Um bewußte und unbewußte Manipulationen auszuschließen, wird noch ein weiterer Kunstgriff angewandt, die sogenannten Blindstudien. Wenn ein Patient weiß, daß er nicht die neue «vielversprechende», sondern «nur» eine Standardbehandlung erhält, kann dieses Wissen das Studienergebnis verfälschen (Placeboeffekt). In einer Blindstudie erfährt der Patient daher nicht, zu welcher Gruppe er gehört, und in einer Doppelblindstudie ist auch der Arzt nicht darüber informiert: Die Behandlung ist verschlüsselt und nur einer dritten Person bekannt. Dies stellt sicher, daß der Arzt bei der Beurteilung des therapeutischen Effekts und der Nebenwirkungen unbefangen ist.

Der erste Teil solcher Berichte dokumentiert üblicherweise, daß die Patienten hinsichtlich des Schweregrades ihrer Erkrankung gleichmäßig auf die beiden Behandlungsarten verteilt wurden. Tabelle 32 zeigt diese Zuordnung für die oben erwähnte Untersuchung (Cox et al. 1991). Die Gruppierung erfolgte nach den das Ausmaß der Erkrankung charakterisierenden Tumorstadien. Im allgemeinen sind Tumoren im Stadium T1 sehr klein und gut therapierbar, so daß der Patient eine sehr gute Heilungschance hat. Die Stadien T2, T3 und T4 bezeichnen in dieser Reihenfolge Tumoren mit jeweils größerer Ausdehnung und entsprechend schlechteren Prognosen. Im Vergleich zwischen den beiden Spalten unterscheiden sich die in der Tabelle angegebenen Prozentzahlen nicht nennenswert. Exakt gleiche Werte kann man nicht erwarten, weil es immer geringfügige statistische Schwankungen gibt.

Tabelle 32: Beispiel für einen besonders schweren Fall einer unzulässigen Gruppierung

	Beide Behandlungen	Neue Behandlung
Gesamtzahl der behandelten Patienten	120	79
Tumorstadium		
T1	1 %	0 %
T2	35 %	39 %
T3	27 %	28 %
T4	37 %	33 %

Als wir diese Arbeit im Rahmen unseres Seminars diskutierten, wären wir beinahe auf den Trick der Autoren hereingefallen. Genaueres Hinschauen zeigt nämlich, daß in der rechten Zahlenspalte zwar die Angaben für die Patienten der neuen Behandlung eingetragen sind, in der linken Zahlenspalte jedoch nicht, wie man erwarten sollte, die der Standardtherapie, sondern die Werte für *beide* zusammen. Korrigiert man die Tabelle und vergleicht das *neue* mit dem herkömmlichen Verfahren, so zeigt sich ein deutliches Ungleichgewicht der Patienten (Tabelle 33). Bei der neuen Behandlung haben 39 Prozent der Patienten die günstigen Stadien T1 und T2, während es bei der alten nur 30 Prozent sind. Dafür gehören der linken Gruppe deutlich mehr Patienten mit dem ungünstigen Stadium T4 an als der rechten.

Tabelle 33: So hätte Tabelle 32 aussehen müssen. Es ist offensichtlich, daß die neue Behandlung mehr von den günstigeren Fällen abbekommen hat.

	Standard-behandlung	Neue Behandlung
Gesamtzahl der behandelten Patienten	41	79
Tumorstadium		
T1	3 %	0 %
T2	27 %	39 %
T3	24 %	28 %
T4	46 %	33 %

Beispiel für die Berechnung anhand der letzten Zeile (T4): Tabelle 32 gibt an, daß sich 37 Prozent aller Tumoren im T4-Stadium befanden. 37 Prozent von 120 Patienten sind 45. Bei 33 Prozent der 79 mit dem neuen Verfahren behandelten Fälle, also bei 26 Patienten, sind T4-Tumoren festgestellt worden. Somit bleiben 45 − 26 = 19 Patienten mit T4-Tumoren für die Standardbehandlung, das sind 19/41 = 46 Prozent.

Bei dieser Art der Falschgruppierung kann Vorsatz nicht ausgeschlossen werden. Die Studie, die natürlich einen Vorteil der neuen Behandlung «nachwies», löste in den USA eine ganze Reihe von Folgeuntersuchungen mit Hunderten von Patienten aus, die alle auf diesen ungültigen Ergebnissen basierten. Sie wären nie durchgeführt worden, wenn das Ungleichgewicht bei der Verteilung der Patienten auf die beiden Verfahren offensichtlich gewesen wäre. Wir halten dieses Vorgehen für unethisch und unwissenschaftlich. Es ist erstaunlich, daß dieser faule Trick den Beteiligten der Folgestudien nicht aufgefallen ist.

Besorgniserregend ist allerdings, daß unser Versuch, auf diese unzulässige Gruppierung im Rahmen einer wissenschaftlichen Publikation aufmerksam zu machen, von einem der Fachgutachter mit dem Argument torpediert wurde, daß die Autoren der Tabelle 32 bei einer Veröffentlichung eine Strafverfolgung durch die amerikanischen Behörden zu befürchten hätten.[3] Offenbar ist der Sachverständige an einer Verheimlichung auf Kosten der zukünftigen Patienten interessiert. Glücklicherweise hatte sein Vertuschungsversuch keinen Erfolg. Nach Überwindung einiger Schwierigkeiten wurde unser Manuskript zur Veröffentlichung angenommen (Beck-Bornholdt et al. 1997).[4]

---

3 Wörtlich schreibt der (anonyme) Fachgutachter zu unserem Artikel: «It would be very dangerous to publish a paper in which it is stated that the RTOG [das ist die amerikanische Fachgesellschaft, die die Studie durchgeführt hat] pretended a balanced distribution of prognostic factors in their hyperfractionation studies in non-small cell lung cancer. This implies that deception has taken place and any suggestion of such fraud would I think be hotly pursued in the courts.»

4 Aber auch wir selbst sind keine Unschuldsengel. So hat beispielsweise einer von uns in einer retrospektiven Analyse klinischer Daten mit zunehmender Strahlendosis eine signifikante Zunahme der Überlebensrate von Patienten mit Bronchialkarzinomen festgestellt (*Int. J. Radiat. Oncol. Biol. Phys.* 28:583–588, 1994). Auch hier wurden Äpfel mit Birnen verglichen. Die Patienten hatten zunächst alle eine Gesamtdosis von 40 beziehungsweise 50 Gray erhalten. Es folgte eine mehrwöchige, zum Teil sogar mehr-

Zweimal verloren und doch gewonnen
Simpsons Paradoxon

Auch ohne Vorsatz anwendbar und zur Selbsttäuschung bestens geeignet ist «Simpsons Paradoxon» [22]. Bei diesem Verfahren wird ein Ergebnis unversehens ins Gegenteil umgewandelt, ohne daß man gleich durchschaut, weshalb.

In einer von uns ausgedachten Studie wird ermittelt, wie gut ein neues Medikament anschlägt. Zwei Zentren tun sich zusammen, um die Versuche durchzuführen. In Porzellanstadt sind die Ärzte vorsichtig, sie verabreichen das neue Medikament nur etwa einem Viertel ihrer Patienten, während die anderen das herkömmliche erhalten. Die Ärzte in Forschheim sind fortschrittsgläubiger, sie geben das Testpräparat etwa drei Viertel ihrer Patienten. Nach längerer Zeit ergibt sich das in Tabelle 34 wiedergegebene Bild.

In Forschheim war das Standardmedikament bei 180 der 250 damit behandelten Patienten erfolgreich, also in 72 Prozent der Fälle. Das neue Präparat wirkte dagegen nur bei 630 der 1050 Testpersonen. Das sind 60 Prozent, also 12 Prozent weniger.

In Porzellanstadt führte das herkömmliche Medikament in 420 der 1050 Fälle zu einem Behandlungserfolg, also bei 40 Prozent. Das neue Medikament war dagegen nur bei 70 der 250 Patienten, das heißt bei 28 Prozent, wirksam. Die Differenz macht also ebenfalls 12 Prozent aus.

Das neue Wunschpräparat schlägt offenbar in beiden Zentren um 12 Prozent weniger an als das herkömmliche. Die Initiatoren

monatige Behandlungspause. Nur wenn die Patienten nach dieser Pause keine Metastasen aufwiesen, ihr Tumor geschrumpft war und sie einen guten Allgemeinzustand aufwiesen, erhielten sie noch eine zweite Bestrahlungsserie und damit eine höhere Strahlendosis. Die beobachtete Zunahme der Überlebensrate bei den höher dosiert bestrahlten Patienten ist somit zumindest teilweise, wenn nicht sogar ganz, auf diese positive Auswahl zurückzuführen. Bedauerlicherweise tauchen die so gewonnenen Resultate bereits in Lehrbüchern auf (Stuschke und Heilmann 1996).

Tabelle 34: Simpsons Paradoxon, erster Teil: Das neue Medikament ist in beiden Kliniken weniger wirksam als das herkömmliche.

Behandlung	Forschheim		Porzellanstadt	
	Herkömmlich	Neu	Herkömmlich	Neu
Anzahl der Patienten	250	1050	1050	250
Effektivität der Behandlung:				
Nicht wirksam	70	420	630	180
Wirksam	180 (72 %)	630 (60 %)	420 (40 %)	70 (28 %)

der Studie sind über das Ergebnis sehr unglücklich, denn sie haben viel Geld und Arbeit in die Entwicklung des Medikaments gesteckt.

Bevor wir zur Pointe kommen, müssen wir noch ein paar Einzelheiten aus dem Forscherdasein preisgeben: Ergebnisse sind nicht gleich Ergebnissen. Studien mit positivem und solche mit negativem Ausgang sind zwei völlig verschiedene Paar Schuhe. Erstere werden mit größerer Wahrscheinlichkeit von den Autoren zur Veröffentlichung eingereicht. Auf ein positives Ergebnis kann man stolz sein. Wenn sich aber herausstellt, daß eine neue Therapie schlechter als das Standardverfahren ist, trägt dies nicht zum Ruhm eines Arztes bei. Daher werden negative Resultate meist lieber verschwiegen, obwohl es auch in dieser Hinsicht rühmliche Ausnahmen gibt [23].

Ebenso ist die Wahrscheinlichkeit, daß eine Zeitschrift eine Studie druckt, bei positivem Ergebnis höher. Dasselbe gilt schließlich für die Wahrscheinlichkeit, daß die *scientific community* den Artikel zur Kenntnis nimmt und letzten Endes auch zitiert. Untersuchungen mit negativem Ausgang sind im allgemeinen deutlich benachteiligt. Dieses Phänomen nennt man *publication bias*. Hierzu zählt auch die Vorliebe von uns Wissenschaftlern für Literaturstellen, die unsere Arbeit bestätigen, während wir Argumente, die ihr widersprechen, leicht übersehen und kaum erwähnen. Durch dieses *publication bias* erhält die wissenschaftliche Gemeinschaft ein verzerrtes Bild von der Wirklichkeit.

Zurück zu unseren frustrierten, aber dennoch engagierten Ärzten aus Forschheim und Porzellanstadt. Diesmal haben sie Glück, denn eine Zeitschrift ist trotz des negativen Ergebnisses bereit, den Beitrag zu drucken. Der Herausgeber macht es jedoch zur Auflage, den Artikel zu kürzen, da er keine positiven neuen Erkenntnisse liefere und deshalb nicht so bedeutsam sei. Insbesondere sollten die Daten aus den beiden Kliniken zur Vereinfachung in einer einzigen Tabelle zusammengefaßt werden. Die Wissenschaftler folgen diesem Vorschlag und erhalten als verblüffendes Resultat die Tabelle 35.

Tabelle 35: Simpsons Paradoxon, zweiter Teil: Faßt man die Ergebnisse beider Kliniken zusammen, so ist das neue Medikament plötzlich wirksamer als das herkömmliche.

Behandlung	Herkömmlich	Neu
Anzahl der Patienten	1300	1300
Effektivität der Behandlung:		
Nicht wirksam	700	600
Wirksam	600 (46 %)	700 (54 %)

Plötzlich erscheint das neue Mittel *besser* als das alte, denn dieses war lediglich bei 600 der 1300 damit behandelten Probanden wirksam, während das neue Medikament bei 700 der 1300 Patienten eine erfolgreiche Therapie ermöglichte. Dies ist immerhin ein Unterschied von 8 Prozent. Je nachdem, ob wir die Ergebnisse getrennt (Tabelle 34) oder gemeinsam (Tabelle 35) betrachten, ergibt sich für das Testpräparat im Vergleich zum herkömmlichen entweder eine signifikante Verbesserung um 12 oder eine signifikante Verschlechterung um 8 Prozent.

Dabei hat niemand geschummelt. Die Zahlen sind völlig korrekt. Aber auch hier wurden Ergebnisse in einen Topf geschmissen, die nicht zusammengehören. In Forschheim waren *beide* Medikamente wirksamer als in Porzellanstadt. Dieses Phänomen ist viel häufiger zu beobachten, als man zunächst vermutet. Vorstellbar ist beispielsweise, daß sich die Altersstruktur der Bevölkerungen von Forschheim und Porzellanstadt deutlich unterscheidet, weil es in dem einen Ort zehn Seniorenheime gibt und im anderen zahlreiche Neubausiedlungen mit vielen jungen Familien.

Simpsons Paradoxon ist außerordentlich gefährlich, denn es ist leicht zu übersehen. Nicht immer legen multizentrische Studien die Ergebnisse der einzelnen Kliniken offen. Dies wird meist vermieden, um die schlecht abschneidenden Krankenhäuser nicht bloßzustellen. Obwohl zusammengefaßte Statistiken auf den ersten Blick völlig korrekt erscheinen, können sie Informationen unterschlagen. Wie oben gezeigt, wird es dadurch sogar möglich, daß sich Ergebnisse in ihr Gegenteil verkehren [24]. Ein reales Beispiel stammt von der University of California in Berkeley (Bickel et al. 1975). Dort hatten sich 1973 zum Wintersemester 8442 Männer und 4321 Frauen um einen Studienplatz beworben. Von den Männern erhielten 44 Prozent, von den Frauen 35 Prozent eine Zulassung, woraufhin die Universität der Frauendiskriminierung bezichtigt wurde, was wiederum durch eine sorgfältigere Datenanalyse entkräftet werden konnte. Tatsächlich verhielt es sich so, daß Frauen ihre Bewerbungen vorzugsweise für die Fächer mit ohnehin geringer Zulassungsquote (auch für Männer) eingereicht hatten. Nach den einzelnen Fächern aufgeschlüsselt, ergab sich sogar eine Bevorzugung der Studentinnen, was die Universität in Berkeley damals auch zu ihrem Ziel erklärt hatte.

Multizentrische Studien im internationalen Maßstab sind heute angestrebter Standard (Charlton 1996; siehe auch das Kapitel «Im Nebel nach Übersee», Seite 125). Dies birgt immer die Gefahr, daß die Ergebnisse durch Zusammenfassung verfälscht werden. Die Tragweite von Simpsons Paradoxon ist daher kaum zu überschätzen.

Alles wird besser, obwohl sich nichts verändert
Das Will-Rogers-Phänomen
und Stage migration

Der FC Aufstieg ist in der Fußballliga mit Abstand der Spitzenreiter. Selbst Arnold Lederegger, der Schlechteste im Team, spielt besser als der Beste vom SC Abseits. Demnächst wird Arnold zum SC Abseits wechseln. Dadurch erhöht sich die mittlere Spielerqualität in *beiden* Mannschaften! – Alles klar? Wahrscheinlich nicht.

Noch ein Beispiel aus dem Business: Herr Schieber ist Geschäftsführer in der Automobilbranche. Ihm unterstehen zwei Filialen mit insgesamt zehn Verkäufern, von denen drei in der Filiale Rostlaube arbeiten: Einer verkauft pro Woche ein Auto, der zweite zwei und der dritte drei. In der Filiale Coupé sind sieben Händler angestellt: Der erste verkauft vier Autos pro Woche, der zweite fünf, der dritte sechs usw., der Spitzenmann schafft beeindruckende zehn Autos pro Woche. Nochmals zur Übersicht:

Filiale Rostlaube:	1 2 3						Mittelwert 2
Filiale Coupé:	4	5 6 7 8 9 10					Mittelwert 7

Im Mittel werden also in der Filiale Rostlaube pro Verkäufer und Woche zwei Autos und in der Filiale Coupé sieben abgesetzt. Das ist dem Geschäftsinhaber zuwenig. Herr Schieber bekommt eine knapp bemessene Frist, die durchschnittlichen Umsatzzahlen pro

Filiale zu verbessern. Kein Problem, sagt sich Herr Schieber und versetzt die vier schlechteren Verkäufer von der Filiale Coupé in die Filiale Rostlaube. Dann ergibt sich folgendes Bild:

Filiale Rostlaube: 1 2 3 4 5 6 7   Mittelwert 4
Filiale Coupé: 8 9 10   Mittelwert 9

In beiden Filialen ist die durchschnittliche Verkaufszahl pro Mitarbeiter um wöchentlich zwei Autos gestiegen. Insgesamt ist aber kein einziges Fahrzeug zusätzlich verkauft worden.

Mit diesem Trick läßt sich einiges manipulieren: das Durchschnittsalter der Bewohner von Altenheimen, die Durchschnittsintelligenz in Schulklassen, aber auch, und das ist wohl am bedeutsamsten, der Anteil an Wählerstimmen. Dieselbe Strategie steht häufig hinter Parteiquerelen bei der Neuordnung von Wahlkreisen. Durch geschicktes Umgruppieren läßt sich der Anteil der Stimmen für eine Partei in *allen* Kommunen anheben, ohne daß sie mehr Wähler bekommen hat. Dies zeigt Abbildung 37. Bei den Wählern gibt es ein klares Nord-Süd-Gefälle: Während sie im Norden die Bauern-Partei favorisieren, steht im Süden die Farmer-Partei in ihrer Gunst. In beiden Wahlkreisen zusammen haben beide Parteien exakt gleich viele Anhänger, nämlich 27 500. Es liegt nun ein Antrag der Bauern-Partei vor, die Grenze für die Kommunalparlamente nach Norden zu verschieben; sie schlägt die gestrichelte Grenzlinie in Abbildung 37 vor. Was steckt wohl dahinter?

Gegenwärtig setzt sich die Nordkommune aus Oberwald und Mitterwald zusammen. Hier verfügt die Bauern-Partei über 24 500 der 35 000 Stimmen, was 70 Prozent entspricht. In der Südkommune, zu der nur Hinterwald gehört, hat die Bauern-Partei lediglich 3000 von 20 000 Wählern hinter sich, also 15 Prozent. In Mitterwald können Bauern- und Farmerpartei jeweils 50 Prozent der Wähler auf sich vereinen. Die Bauern-Partei beantragt eine Verlegung der Kommunalgrenzen, so daß Mitterwald zukünftig zur Südkommune zählt. Wer hat etwas davon? Die Bauern-Partei natürlich (sonst hätte sie diesen Antrag nicht gestellt): Nach Verle-

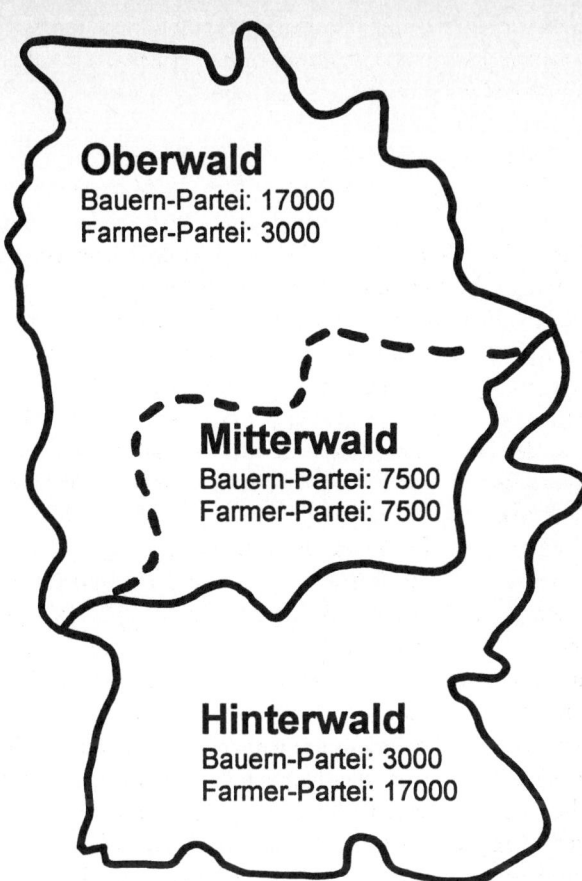

Oberwald
Bauern-Partei: 17000
Farmer-Partei: 3000

Mitterwald
Bauern-Partei: 7500
Farmer-Partei: 7500

Hinterwald
Bauern-Partei: 3000
Farmer-Partei: 17000

Abbildung 37: Wie eine Partei in zwei Kommunalparlamenten 15 Prozent mehr Wählerstimmen bekommen kann, ohne einen einzigen zusätzlichen Wähler zu gewinnen

gung der Kommunalgrenze würde sie in der Nordkommune 17000 der 20000 Wählerstimmen bekommen und damit 85 Prozent der Mandate erzielen. In der Südkommune hätte sie jetzt

10 500 der 35 000 Wähler hinter sich, also 30 Prozent der Stimmen und Mandate. Das ist ein Zuwachs von jeweils 15 Prozent in *beiden* Kommunalparlamenten, und sie braucht dafür keinen einzigen Wähler hinzuzugewinnen.

Tabelle 36: Wie die Bauern-Partei in beiden Wahlkreisen 15 Prozent mehr Wählerstimmen bekommen kann, ohne einen einzigen Wähler hinzuzugewinnen: das Will-Rogers-Phänomen in der Politik (vergleiche Abbildung 37)

	Alte Grenze	Neue Grenze
Nordkommune	Oberwald plus Mitterwald	Oberwald
Bauern-Partei:	24 500 / 35 000 (70 %)	17 000 / 20 000 (85 %)
Farmer-Partei:	10 500 / 35 000 (30 %)	3000 / 20 000 (15 %)
Südkommune	Hinterwald	Mitterwald plus Hinterwald
Bauern-Partei:	3000 / 20 000 (15 %)	10 500 / 35 000 (30 %)
Farmer-Partei:	17 000 / 20 000 (85 %)	24 500 / 35 000 (70 %)

Dieser eigentlich einfache Zusammenhang hat auch in der Medizin weitreichende Konsequenzen, nämlich dann, wenn die Ergebnisse einer neuen Behandlungsmethode mit denen einer sogenannten historischen Kontrollgruppe verglichen werden. Da es einfacher zu realisieren ist, kommt dieses Verfahren sehr viel häufiger zur Anwendung als das oben beschriebene wissenschaftlich aussagekräftige Losverfahren. «Historisch» bedeutet, daß die Kontrollgruppe nicht zeitgleich, sondern vor mehreren Jahren behandelt wurde. Das zugrundeliegende Phänomen «stage migration», auch Will-Rogers-Phänomen genannt[5], ist ein sehr tückischer Sonderfall der

5 Will Rogers war ein bekannter amerikanischer Humorist und Philosoph. Die Migration während der Wirtschaftskrise in den dreißiger Jahren

unzulässigen Gruppierung. Die Umgruppierung, die bei den Autoverkäufern und Wahlbezirken vorsätzlich geschah, ergibt sich bei der Krebsbehandlung ganz von selbst und häufig unbemerkt, wenn die Diagnostik mit der Zeit effektiver wird. Interessanterweise verbessern sich selbst dann die Therapieergebnisse, wenn die Behandlung die gleiche geblieben ist. Wie ist das möglich?

Wie wir bereits wissen, teilen Mediziner Tumoren in Gruppen ein, die als T-Stadien bezeichnet und von 1 für den günstigsten bis 4 für den ungünstigsten Fall durchnumeriert werden. Die Zuordnung zu einer dieser Gruppen hängt von der Ausdehnung des Tumors ab, die bei schlechten diagnostischen Möglichkeiten häufig unterschätzt wird. Verbessert sich die Diagnostik, läßt sich die Tumorausbreitung einschließlich kleinerer Absiedlungen oder Auswucherungen, die früher übersehen worden wären, genauer darstellen. Dies hat zur Folge, daß nun einige der prognostisch ungünstigsten Tumoren des T1-Stadiums dem T2-Stadium zugeordnet werden. Entsprechendes geschieht an den Grenzen zwischen T2 und T3 sowie T3 und T4. Jede Gruppe entledigt sich ihrer nachteiligsten Tumoren, die jedoch in der nächsthöheren Gruppe die günstigeren Fälle darstellen. Dadurch optimiert sich die Prognose in *jeder* Tumorgruppe – wie bei den Autoverkäufern, nur haben wir in diesem Fall vier Filialen. Wenn nun zwei Patientengruppen, deren Stadien mit «guten» beziehungsweise «schlechten» diagnostischen Verfahren festgestellt wurden, eine gleichermaßen effektive Therapie erhalten, wird die gut untersuchte eine höhere Heilungsrate vorweisen. Unter der Voraussetzung, daß sich die Diagnostik mit der Zeit fortlaufend verfeinert, werden neue Therapieresultate immer günstiger erscheinen als die historischer

kommentierte er mit den Worten: «Als die ‹Okies› Oklahoma verließen und nach Kalifornien zogen, haben sie dadurch den durchschnittlichen Intelligenzquotienten in beiden Bundesstaaten erhöht.» Da der Humor von Will Rogers für die Gesundheit vieler Menschen förderlich gewesen und dies von Medizin und Wissenschaft noch nicht gebührend gewürdigt worden sei, schlugen Feinstein und Mitarbeiter (1985) vor, das Phänomen nach ihm zu benennen.

Kontrollgruppen, auch wenn beide Therapien gleichwertig sind. Fortschritte in der Diagnostik können natürlich auch dazu führen, daß Tumoren, die man früher überhaupt nicht entdeckt hätte, weil sie so klein sind (und daher prognostisch günstig), der Behandlung zugeführt werden. Dies führt zu einer zusätzlichen Verbesserung der Prognose für die T1-Tumoren.[6]

6 Ob man diesem Phänomen in einer klinischen Studie mit historischer Kontrolle aufgesessen ist, kann man zum Beispiel feststellen, indem man die relativen Anteile der Tumoren in den verschiedenen Stadien vergleicht. Die dann eventuell zu beobachtende relative Zunahme der ungünstigen Stadien in der neuen Patientengruppe ist ein Indiz für «stage migration». Dies führt zu dem Paradoxon, daß besonders dann Mißtrauen angebracht ist, wenn das Testkollektiv mit prognostisch ungünstigeren Tumorstadien belegt ist als die historische Kontrolle. Ohne Kenntnis des Phänomens der «stage migration» würde man im Gegenteil schließen, die neue Therapie sei eigentlich noch besser, als die Resultate ausweisen, eben weil mit ihr ungünstigere Tumoren behandelt wurden [25].

Mit Sicherheit daneben
Objektivität der Wissenschaft und
subjektive Interessen – Falsifizierbarkeit

> Insensibly one begins to twist facts to suit theories,
> instead of theories to suit facts.
> *Sherlock Holmes*

Für unsere Vorstellungen von der Welt wünschen wir uns Bestätigung. Dieser Wunsch läßt uns nicht nur selektiv wahrnehmen und unbewußt manipulieren, sondern bewirkt, daß auch in der Forschung Experimente oder Studien auf Bestätigung und nicht auf die Herausforderung oder gar Falsifizierung unserer Auffassungen hin angelegt werden.

Selektive Wahrnehmung hat nicht nur im täglichen Leben, sondern auch im wissenschaftlichen Alltag einen nicht zu unterschätzenden Einfluß, sei es beim Experimentieren oder beim Auffinden und Lesen von Fachliteratur. Paul Watzlawick (1976), Psychologe und Kommunikationsforscher, stellt sogar die provokative These auf, «daß das wacklige Gerüst unserer Alltagsauffassungen der Wirklichkeit im eigentlichen Sinne wahnhaft ist und daß wir fortwährend mit seinem Flicken und Abstützen beschäftigt sind – selbst auf die erhebliche Gefahr hin, Tatsachen verdrehen zu müssen, damit sie unserer Wirklichkeitsauffassung nicht widersprechen, statt umgekehrt unsere Weltschau den unleugbaren Gegebenheiten anzupassen».

Zur Illustration dieser Behauptung beschreibt Watzlawick eine ganze Reihe von Experimenten, bei denen Versuchspersonen in Situationen gebracht werden, die keinerlei innere Ordnung aufweisen. Dieser Umstand wird den Probanden aber verheimlicht. Sie glauben fälschlicherweise, daß eine direkte und erfaßbare Beziehung besteht zwischen ihrem Handeln und dem, was darauf folgt.

Ihre Suche nach erklärbaren Zusammenhängen führt zu sehr interessanten und zum Teil amüsanten Wirklichkeitsauffassungen und Verhaltensformen.

Das Orakel von Elphi
Beharrungsvermögen falscher Vorstellungen

> Wenn du keine Fehler machst,
> versuchst du es nicht wirklich.
> *Coleman Hawkins*

Irrige Ansichten sind außerordentlich widerstandsfähig. Vor langer Zeit berechnete der Grieche Erathostenes (um 276 bis 195 vor Christus) den Erdumfang, indem er die Mittagshöhe der Sonne an zwei verschiedenen Orten maß, und kam dabei auf 39 690 Kilometer, eine recht genaue Schätzung. Aber erst fast zweitausend Jahre später, um 1500 nach Christus, konnten sich das heliozentrische Weltbild und die Vorstellung von der Erde als Kugel durchsetzen. Auch der Kommafehler bei der Angabe des Eisengehalts von Spinat schien jahrzehntelang unwiderrufbar zu sein.

In unserer Vorlesung gelingt es uns regelmäßig, die Teilnehmer in die Irre zu führen und ein sehr beharrliches Verhalten zu provozieren. Dazu spielen wir folgendes Spiel [26]: Jeder Teilnehmer zieht ein Los, auf dem sich jeweils eine Folge von vier Zahlen befindet, die nach einer bestimmten Regel entstanden ist (zum Beispiel 2-4-8-16). Die Teilnehmer sollen, jeder für sich, das Schema herausfinden, das ihrer Zahlenfolge zugrunde liegt, indem sie diese fortsetzen und der Spielleiter ihnen mitteilt, ob die von ihnen genannte neue Zahl der Regel entspricht. Liegen sie einmal falsch, dann hat dies keine Folgen. Sie dürfen so lange probieren, bis sie davon überzeugt sind, die Aufgabe gelöst zu haben.

Es liegt nahe, die obige Zahlenfolge mit 32 - 64 - 128 - 256 - 512 - 1024 - 2048 fortzuführen, weil man schnell die Vorschrift «Verdopple die letzte Zahl» vermutet. Wenn dann auch noch der Spielleiter jede einzelne Nennung als richtig bestätigt, ist man sich bald sicher, das richtige Schema gefunden zu haben [27]. Die Lösung «Verdopple die Zahl» ist zwar nicht falsch, aber viel komplizierter als die tatsächliche Aufbauregel, die einfach nur «Jede Zahl ist größer als die vorherige» lautet. In unserer Vorlesung zogen die Teilnehmer es vor, nach dem von ihnen bereits gefundenen vermeintlichen Prinzip zu verfahren. Sie schlugen dem Spielleiter nur Zahlen vor, von denen sie meinten, sie seien richtig. Lediglich einer hat bisher versucht, seine Hypothese wirklich zu überprüfen, indem er nach 32-64-128 anstelle von 256 die Zahl 201 angab. Die anderen Teilnehmer blieben bei der einmal «entdeckten» Regel «Verdopple die letzte Zahl», um jedesmal eine Bestätigung einzuheimsen.

Wenn wir uns in schwindelnder Höhe an ein Geländer lehnen müssen, prüfen wir, ob es auch hält, selbst wenn es stabil aussieht. Mit unseren geliebten Ideen und Hypothesen gehen wir anders um. Wir pflegen sie, aber wir prüfen sie nicht. Zu diesem Thema schreibt Gero von Randow (1994): «Wir stellen eine Hypothese auf und testen sie – das ist der beste Weg, um zu Erkenntnissen über die Außenwelt zu gelangen. ‹Testen› muß aber heißen: überprüfen, auf die Probe stellen, herausfordern. Materialprüfer belasten ihre Proben mit schweren Gewichten, pressen sie zusammen, ziehen sie auseinander, werfen sie mal ins Wasser, mal ins Feuer und gießen Säure darüber. Es ist leider nicht unsere Art, mit Hypothesen ähnlich rigide zu verfahren. Gäbe es keine Meinungsverschiedenheiten mit anderen Menschen, würde jeder seine eigenen Hypothesen hätscheln. In jenen Überzeugungssystemen, die nicht jede Hypothese zum Beschuß freigeben, findet genau dies statt: Es gibt großartigen Meinungsstreit um Interpretationen, nicht jedoch um die wichtigsten, nämlich grundlegenden Theorien (die ‹Hypothesen› zu nennen bereits als Ketzertum oder Revisionismus gilt).» Leider trifft letzteres häufig auch auf die medizinische Wissenschaft zu.

DAS ORAKEL VON ELPHI

ELPHI HAT EINEN TEDDYBÄR. WENN SIE IHN FRAGT: "WIE HEISSE ICH?" UND IHN DANN LIEBEVOLL DRÜCKT, BRUMMT ER: "ELPHI!"

SO GESCHAH ES TAUSENDMAL, UND ELPHI WAR FROH, DENN IHR TEDDYBÄR ERKANNTE SIE JEDESMAL.

VON DIESEM WUNDER ERFUHR DER PRINZ KLAUS-DIETER. ER REISTE SOFORT ZU ELPHI, FRAGTE DEN BÄR: "WIE HEISSE ICH?" UND DRÜCKTE IHN VORSCHRIFTSMÄSSIG. UND DER TEDDY BRUMMTE: "ELPHI!"

NUN, DA WAR DAS WUNDER DAHIN, UND ELPHI WAR SAUER AUF DEN PRINZEN. DIE MORAL VON DER GESCHICHT:

FALSIFIZIER KEIN ORAKEL NICHT.

Abbildung 38: Das Orakel von Elphi. Die Widerlegung von falschen, aber liebgewonnenen Theorien ist unerwünscht.

Jetzt dürfen Sie wieder selbst spielen [26]: Vor Ihnen liegen vier Karten. Jede Karte hat auf einer Seite einen Buchstaben und auf der anderen Seite eine Zahl. Die vier Karten zeigen mit den Zeichen

nach oben. Unsere Hypothese lautet: «Wenn sich ein Vokal auf der einen Seite befindet, dann steht auf der anderen Seite eine gerade Zahl.» Sie sollen diese Hypothese überprüfen und dürfen dazu zwei Karten umdrehen. Welche sehen Sie sich an? Bitte tragen Sie Ihre Entscheidung in die beiden Kästchen ein.

Die Lösung finden Sie in Anmerkung 28 am Ende des Buches. Dort werden auch der Kontext und die Bedeutung des Spiels erläutert.

Ratte beim Tango
Vermeintliche Gesetzmäßigkeiten im Chaos

> Zweifle nicht an dem, der sagt,
> er habe Angst,
> aber habe Angst vor dem, der sagt,
> er habe keine Zweifel.
> *Erich Fried*

Die Unberechenbarkeit der Welt und des Lebens ist viel besser zu ertragen, wenn man sie leugnet oder zumindest sich selbst davon überzeugt, daß man Einfluß nehmen kann, und sei es durch magische Handlungen. Diese als Aberglaube bekannte menschliche Schwäche kann auch Laborratten und anderen Tieren mit ähnlich hohem geistigem Niveau nahegebracht werden.

Wie Watzlawick in seinem oben erwähnten Buch beschreibt, besteht die dazu notwendige Versuchsanordnung aus einem Käfig, drei Meter lang und einen halben Meter breit, mit einem Eingang für die Ratte an einem Ende und einem Futternapf am anderen. Zehn Sekunden, nachdem die Ratte in den Käfig geschlüpft ist, fällt Futter in den Napf, vorausgesetzt, sie ist bis dahin noch nicht bei ihm gewesen. Erreicht sie ihn schneller, so gibt es kein Futter. Beim erstmaligen Betreten des Versuchskäfigs laufen die Ratten meist direkt zum Futternapf, finden ihn aber leer vor, da sie für den kurzen Weg nur etwa zwei Sekunden benötigen. Beim zweitenmal wiederholt sich diese Prozedur, doch beim dritten Versuch wissen die meisten Ratten schon, daß es dort nichts zu fressen gibt, und erkunden geruhsam den Käfig. Vielleicht putzen sie sich und inspizieren anschließend die Ecken. Plötzlich fällt Futter in den Napf. Die Ratten bringen ihr Verhalten während der «Wartezeit» in Zusammenhang mit der Futterbelohnung und wiederholen bei den nächsten Versuchen immer wieder die bei der ersten erfolgreichen Annäherung vollzogenen Pirouetten. Das Ritual ist selbstbestärkend, denn schließlich führt es immer zum Erfolg. Wäre die Ratte nicht nur auf Futter, sondern auch auf Erkenntnis aus, müßte sie es riskieren, eventuell leer auszugehen, und das Ritual zu Prüfzwecken einmal abwandeln.

Ein analoges Spiel führen wir in unserer Vorlesung durch. Jeder Teilnehmer zieht ein Los. Wieder befindet sich auf jedem eine Zahlenfolge (zum Beispiel 3-7-10-9), und die Teilnehmer sollen herausfinden, nach welcher Regel sie aufgebaut ist. Wie bei dem oben beschriebenen Spiel setzen die Teilnehmer ihre Folge fort, und der Spielleiter teilt ihnen mit, ob die neuen Ziffern dem gesuchten Schema entsprechen. Falsches Raten bringt ihnen keine Nachteile. Sie dürfen raten, sooft sie wollen, bis sie sicher sind, die Regel zu kennen. Diese schreiben sie dann auf ein Blatt Papier.

Es gibt jedoch – was die Teilnehmer nicht wissen – einen gravierenden Unterschied zum vorherigen Spiel: Die Zahlenfolgen sind erwürfelte Zufallsreihen, und auch die Antworten des Spielleiters auf Zahlenvorschläge sind beliebig. Über «richtig» oder «falsch» entscheidet ein kleiner Taschenrechner mit Zufallszahlen. Nach einer gewissen Zeit geht der Spielleiter allerdings dazu über, *jedesmal* «richtig» zu sagen.

Die Ergebnisse dieses Spiels sind für uns immer wieder verblüffend und amüsant. Häufig gelangen unsere Probanden zu sehr komplexen Erklärungsmodellen, zum Beispiel:

«Auf eine Zahl (15) folgt zweimal dieselbe Zahl (2), dann kommt wieder die erste, auf die jetzt aber nur einmal die zweite Zahl folgt. Danach kommt die erste Zahl, und die zweite wird ganz weggelassen. Dann beginnt die Folge von vorn: einmal die 15, zweimal die 2 etc. ...»

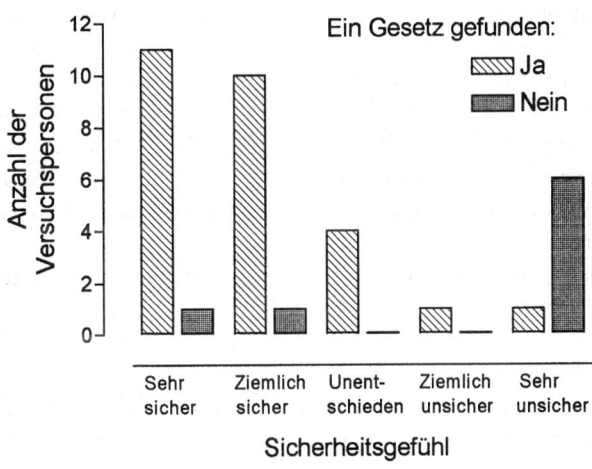

Abbildung 39: Sicherheitsgefühl fündiger und nichtfündiger Versuchspersonen. Dies ist gleichzeitig ein Beispiel, wie sich aus ganz wenigen Messungen eine protzige Abbildung herstellen läßt.

Oder:

«Ausgehend von der Zahl 4, wird abwechselnd 9 addiert und 12 subtrahiert. Nach dem vierten Rechenvorgang wird abwechselnd 9 subtrahiert und 12 addiert, bis man wieder zur Ausgangszahl 4 gelangt.»

Oder, noch schöner:

«Mir ist die Lösung bekannt, aber sie ist so kompliziert, daß ich sie nicht aufschreiben kann.»

Von den sechsunddreißig Teilnehmern erklärten lediglich acht, daß sie keine Lösung gefunden hatten. Einer gab auf. Die anderen siebenundzwanzig glaubten, eine «Gesetzmäßigkeit» zu erkennen. Auch sollten alle angeben, wie sicher sie sich mit ihrer Aufbauregel für die Zahlenfolge fühlten. Das Resultat zeigt Abbildung 39.

Diejenigen, die korrekterweise keine Gesetzmäßigkeit aufdecken konnten, zweifelten meist an diesem Ergebnis. Dagegen waren sich die Teilnehmer, die eine Regel zu erkennen glaubten, wo keine war, ihrer Lösung meistens sehr gewiß. Das Sicherheitsgefühl der Finder und Nichtfinder war statistisch hochsignifikant verschieden ($p = 0,0001$).

Ein Wissenschaftler, der ein auf reinem Zufall beruhendes Geschehen untersucht, wird, wenn er sich nicht grundsätzlich von den Hörern unserer Vorlesung unterscheidet, wahrscheinlich dennoch vermeintliche Gesetzmäßigkeiten finden, die für ihn unzweifelhaft existieren. Dasselbe wird einem Forscher widerfahren, der mit unzulänglichen Methoden arbeitet. Die Daten, die er erhält, sind chaotisch, aber er wird darin eine Regel erkennen und die Gewißheit haben, daß sie gilt. Diejenigen hingegen, die zu dem richtigen Schluß kommen, daß keine Gesetzmäßigkeit vorliegt, werden möglicherweise sehr unsicher in ihrem Urteil sein.

Das Unbehagen, das uns das Unbekannte, das Nichtverstandene bereitet, wird durch Erklärungen und Theorien erträglicher. Wenn sich Widersprüche zu unseren Gedankengebäuden ergeben, dann werden sie nicht verworfen, sondern lieber geflickt, erweitert und verfeinert. So entsteht eine sich selbst abdichtende Theorie, die sich schließlich zu einer prinzipiell nicht falsifizierbaren Annahme verhärtet. Nach Karl Popper ist jedoch Falsifizierbarkeit (das heißt schlicht die Möglichkeit der Widerlegung) ein unverzichtbarer Bestandteil jeder wissenschaftlichen Theorie. Hierzu schreibt Watzlawick (1976): «Wenn wir nach langem Suchen und peinlicher Ungewißheit uns endlich einen bestimmten Sachverhalt erklären zu können glauben, kann unser darin investierter emotionaler Einsatz so groß sein, daß wir es vorziehen, unleugbare Tatsachen, die unserer Erklärung widersprechen, für unwahr oder unwirklich zu erklären, statt unsere Erklärung diesen Tatsachen anzupassen. Daß derartige Retuschen der Wirklichkeit bedenkliche Folgen für unsere Wirklichkeitsanpassung haben können, versteht sich von selbst.»

Uns, den Autoren, wird es nicht anders ergehen. Die Erkenntnisse, die uns motivieren, dieses Buch zu schreiben und die Vorlesung «Vom Irrtum zum Lehrsatz» anzubieten, haben wir so mühsam erworben, daß wir sie nicht gern in Frage stellen möchten. Sicher haben wir uns dem Thema nicht objektiv und ohne selektive Wahrnehmung genähert, doch hoffen wir, daß wir in einigen Jahren und mit etwas mehr Abstand herzlich über unsere eigenen Irrtümer lachen können.

Ist der Papst ein Außerirdischer?
Logische Probleme bei der Anwendung und Interpretation statistischer Methoden

> Eine Hauptursache der Armut in den Wissenschaften
> ist meist eingebildeter Reichtum. Es ist nicht ihr Ziel,
> der unendlichen Weisheit eine Tür zu öffnen,
> sondern eine Grenze zu setzen dem unendlichen Irrtum.
> *Bertolt Brecht*

Wir haben in den vorangehenden Kapiteln bereits einige Miß-
stände in der gegenwärtig üblichen Bewertung wissenschaftlicher
Ergebnisse aufgezeigt. Dazu gehörten zahlreiche «kleine» Irrtümer
und Trugschlüsse, auf die man nicht mehr hereinfällt, wenn man
ihren Mechanismus durchschaut hat. Der *Fehler erster Art* und der
Fehler zweiter Art sind im Prinzip ebenfalls sehr einfache Irrtums-
quellen. Allerdings verfügen sie, zumindest in der medizinischen
und ökologischen Forschung, über ein immenses Irrtumspotential.
Sie sind sehr weit verbreitet, vermutlich weil quantitative mathematische Methoden erforderlich sind, um sie zu erkennen und zu
eliminieren. Wir haben, pragmatisch und unvollständig, einige einfache Werkzeuge der Statistik beschrieben, mit denen sich Signifi-
kanzberechnungen durchführen und die Aussagekraft («power»)
einer Studie berechnen lassen, Werkzeuge, mit deren Hilfe Sie Ihre
Irrtumsanfälligkeit deutlich reduzieren können. All dies geschah
auf dem festen Boden der Statistik und der gängigen Art und
Weise, ein Ergebnis zu interpretieren.

In diesem Kapitel werden wir uns nach einigen Vorbemerkungen
in einem Widerspruch verhaken, der sich bisher auch auf interna-
tionalem Niveau nicht auflösen ließ. Er stellt das allseits angewandte
und abgesegnete Vorgehen bei der Interpretation statistischer Berechnungen und damit die Grundlage zahlreicher Wissens- und For-
schungsgebiete in Frage. Wir hoffen, durch die vorhergehenden Ka-

pitel Ihr Vertrauen so weit gewonnen zu haben, daß Sie jetzt wei-
terlesen. Bis zum Ende. Tun Sie sich den Gefallen, denn der letzte
Happen ist der beste.

Alles egal, oder?
Die Nullhypothese

Eine Partei stellt im Bundestag achtzig Abgeordnete, davon sind
zweiunddreißig weiblich (40 Prozent), und in der Regierung acht-
undzwanzig Staatssekretäre und Minister, von denen fünf weiblich
sind (18 Prozent). Sie fragen sich vielleicht, ob die Frauen bei der
Besetzung von Führungspositionen diskriminiert werden oder ob
diese Verteilung zufällig entstanden ist. Mit dem Vierfeldertest und
der Formel im Anhang IV können Sie ausrechnen, ob sich «32 von
80» und «5 von 28» signifikant unterscheiden. Sie erhalten eine
Prüfgröße von 4,47, die einem Fehler erster Art von 3,5 Prozent
($p = 0{,}035$) entspricht. Das Ergebnis ist nach der Fünfprozentkon-
vention signifikant. Sie können nun mit Recht behaupten: Frauen
werden bei der Besetzung von Führungspositionen signifikant
benachteiligt ($p = 0{,}035$). Darunter versteht man, daß die Aussage
mit einer Wahrscheinlichkeit von 3,5 Prozent falsch, aber zu 100
Prozent – 3,5 Prozent = 96,5 Prozent richtig ist.

Für die Durchführung dieser statistischen Analyse mußten Sie
zunächst (stillschweigend) voraussetzen, daß sich die Frauenan-
teile *nicht* grundsätzlich unterscheiden und daß die differierenden
Prozentsätze auf einem Zufall beruhen. Dies ist die sogenannte
Nullhypothese. Im weiteren haben Sie berechnet, wie wahrscheinlich es dann ist, daß der Frauenanteil in dem beobachteten Maß
(oder stärker) abweicht. Diese Wahrscheinlichkeit wird durch den
Fehler erster Art (p-Wert) angegeben. Wenn das Ergebnis sehr unwahrscheinlich, der p-Wert also sehr klein ist, wird die Nullhypothese verworfen, weil dann die Chance, daß die beobachteten Un-

terschiede zufällig zustande gekommen sind, sehr gering ist (weniger als 5 Prozent). Daraus wird gefolgert, daß die alternative Hypothese «Frauen werden bei der Besetzung von Führungspositionen diskriminiert» mit mehr als 95prozentiger Wahrscheinlichkeit richtig ist. Dies ist die weltweit angewandte und anerkannte Argumentationsweise der Statistik beim Testen einer Nullhypothese. Diese umgedrehte Zuordnung der Wahrscheinlichkeiten klingt zunächst sehr logisch, ist aber falsch.

An Englishman in New York
Das Problem

Wie groß ist die Wahrscheinlichkeit, daß ein Engländer englisch spricht? Wie groß ist die Wahrscheinlichkeit, daß ein Mensch, der englisch spricht, Engländer ist? Sind sie gleich groß und im Grunde sowieso dasselbe?

Wenn Sie die letzte Frage mit «nein» beantwortet haben, liegen Sie richtig. Wenn Sie mit «ja» geantwortet haben, irren Sie sich, sind aber in großer Gesellschaft. Der Trugschluß, daß beide Wahrscheinlichkeiten doch eigentlich dasselbe bezeichnen, ist bei der Interpretation wissenschaftlicher Ergebnisse schon fast eine Selbstverständlichkeit.

Es gibt etwa fünfzig Millionen Engländer, von denen wohl mindestens 99 Prozent englisch sprechen, aber von rund sechs Milliarden Menschen sprechen etwa 1,8 Milliarden (30 Prozent) englisch. Mit diesen Zahlen können wir folgende Tabelle aufstellen[1]:

---

1 Die Angaben sind anhand von Bevölkerungszahlen nur grob geschätzt. In diesem Beispiel kommt es nicht auf ihre Genauigkeit an.

Tabelle 37: Englisch sprechende Engländer und englisch sprechende Nichtengländer (in Millionen)

	Menschen	Englisch sprechend	Nicht englisch sprechend
Engländer	50	49,5	0,5
Nichtengländer	5950	1785	4165
Summe	6000	1834,5	4165,5

Die Wahrscheinlichkeit, daß ein Mensch, der englisch spricht, Engländer ist, beträgt 49,5 Millionen / 1834,5 Millionen = 0,027 ≈ 3 Prozent. Und das ist deutlich weniger als die 99 Prozent aller Engländer, die ihrer Sprache mächtig sind.

Was passiert in der Wissenschaft? Wir gehen, wie bei den Frauenquoten im letzten Abschnitt, von einer Nullhypothese aus: «Medikament A und B unterscheiden sich nicht in ihrer Wirksamkeit.» Eine Studie hat nun gezeigt, daß Präparat A bei 70 und B bei 50 Prozent der Patienten wirkt. Mit unseren statistischen Werkzeugen können wir jetzt ausrechnen, daß dieser oder ein größerer Unterschied mit einer Wahrscheinlichkeit von beispielsweise nur 2 Prozent zufällig auftreten würde, wenn die beiden Medikamente eigentlich dieselbe Wirksamkeit haben. In der medizinischen Forschung wird hieraus üblicherweise gefolgert, daß die Nullhypothese nur mit zweiprozentiger Wahrscheinlichkeit richtig ist. Aus der Wahrscheinlichkeit des Ergebnisses wird klammheimlich die Wahrscheinlichkeit für die Gültigkeit der Nullhypothese. Aufgrund dieser falschen Interpretation wird zusätzlich gefolgert: Mit 98prozentiger Wahrscheinlichkeit (100 Prozent – 2 Prozent) ist das Präparat A tatsächlich wirksamer als B.

Um diesen Trugschluß auch formal in den Griff zu bekommen, müssen wir noch einmal über Signifikanz und Prävalenz nachdenken.

Unsinn mit Niveau
Die Konvention eines fünfprozentigen Signifikanzniveaus

> Wer über gewisse Dinge den Verstand nicht verliert,
> der hat keinen zu verlieren.
> *Gotthold Ephraim Lessing*

Vor seinem bedauerlichen Absturz in den Alpen vor drei Jahren (vergleiche Abbildung 10, Seite 59) war Doktor Sorglos Abonnent und treuer Leser des *International Fleamarket*, einer Flohmarkt-Zeitschrift mit Niveau und brandheißen Sonderangeboten. Über die Bestellabteilung hat er sich einen Regenschirm gekauft. Hochmodern, billig und mit Qualitätsgarantie: Im Bedarfsfall läßt sich der Schirm mit 95prozentiger Sicherheit öffnen. Nur in 5 Prozent der Fälle steht Doktor Sorglos im Regen. Was soll's! Der Schirm ist wirklich einmalig preiswert und das fünfprozentige Risiko wert.

Für einen befreundeten Patienten hatte Doktor Sorglos gleich noch einen Fallschirm mitbestellt. Ebenfalls todschick, preisgünstig und genauso sicher wie sein Regenschirm. Er geht mit 95prozentiger Sicherheit auf, und nur in 5 Prozent der Fälle macht der Patient von Doktor Sorglos einen Abgang – dann allerdings für immer.

Wie im Kapitel «Zufall oder Zustand» ausgeführt, gilt in der wissenschaftlichen Literatur ein Ergebnis im allgemeinen als «signifikant», wenn die Irrtumswahrscheinlichkeit höchstens 5 Prozent beträgt, was mit dem Ausdruck «$p \leq 0,05$» angegeben wird. Dieses Fünfprozentniveau ist eine Konvention. Es wurde willkürlich festgelegt und ist nicht immer sinnvoll, wie Doktor Sorglos gerade an sich und seinem Patienten gezeigt hat.

Das Signifikanzniveau sollte vernünftigerweise davon abhängen, welche Folgen ein etwaiger Irrtum nach sich zieht. Bei der Wirksamkeit eines Hustensaftes mag eine fünfprozentige Irrtumswahrscheinlichkeit durchaus angebracht sein, doch ist sie unseres Erachtens viel zu hoch, wenn es um die Frage geht, welche Therapie bei einer lebensbedrohlichen Erkrankung die bessere ist.

Abbildung 40: Doktor Sorglos nach dem Kauf eines nicht ganz zuverlässigen Regenschirms

Ein konstantes Signifikanzniveau ist unsinnig. Es gibt keine vernünftige Begründung dafür. Das Festhalten an den «magischen 5 Prozent» ist einfach nur bequem, und die Forscher haben sich an dieses Windei offenbar gut gewöhnt. Nur wenige denken jemals darüber nach.

Abbildung 41: Der Patient bei Verwendung des von Doktor Sorglos erstandenen ziemlich sicheren Fallschirms

Irren ist menschlich
Irrtumswahrscheinlichkeit bei Studien
mit positivem Ausgang – Prävalenz

> Die Menschheit läßt sich keinen Irrtum nehmen,
> der ihr nützt.
> *Friedrich Hebbel*

Im Kapitel «Ohne Panik positiv» haben wir gesehen, daß der Vorhersagewert einer Vorsorgeuntersuchung davon abhängt, wie häufig die Erkrankung auftritt. Während sich die Wahrscheinlichkeit, tatsächlich HIV-infiziert zu sein, bei einem Patienten des diagnostischen Labors mit positivem Testergebnis auf 88,5 Prozent beläuft, beträgt sie bei einem Blutspender lediglich 2,4 Prozent. Dies gilt, obwohl in beiden Fällen derselbe Test mit derselben Sorgfalt eingesetzt wird. Die Ursache ist die unterschiedliche Prävalenz, das heißt die Häufigkeit der tatsächlich Infizierten im untersuchten Kollektiv. Die Patienten des diagnostischen Labors rekrutieren sich aus Personen, die befürchten, daß sie sich mit dem Aidsvirus angesteckt haben könnten. 1,5 Prozent dieser Personen sind tatsächlich infiziert. Blutspender haben eine ganz andere Motivation, zum Arzt zu gehen. Die Prävalenz für eine HIV-Infektion beträgt bei ihnen lediglich 0,005 Prozent. Zum Schutz der Blutempfänger werden aber auch hier grundsätzlich alle Proben untersucht. Halten wir also fest: Der Vorhersagewert eines Tests hängt von der Prävalenz der Erkrankung ab. Wenn man sie nicht kennt, kann man bei einem positiven Testergebnis nicht sagen, wie wahrscheinlich es ist, daß sich die getestete Person tatsächlich infiziert hat.

Die Fehler erster und zweiter Art haben wir in den Kapiteln «Zufall oder Zustand» und «Im Nebel nach Überseh» dargestellt. Der Fehler erster Art entspricht in unserer Analogie der Wahrscheinlichkeit, daß ein Feuermelder Alarm schlägt, obwohl es gar nicht brennt. In der Wissenschaft gilt gegenwärtig eine Wahrscheinlichkeit von 5 Prozent, den Fehler erster Art zu begehen, als akzeptabel. Der Fehler zweiter Art entspricht der Wahrscheinlichkeit, daß der Feuermelder trotz eines Brandes keinen Alarm auslöst. Diese Möglichkeit wird in der Forschung meistens überhaupt nicht beachtet. Sofern dies dennoch der Fall ist, werden im allgemeinen 20 Prozent Fehlerwahrscheinlichkeit toleriert.

Wir wenden jetzt das über Signifikanz und Prävalenz Gelernte auf Forschungsergebnisse an. Dazu stellen wir uns ein hochqualifiziertes und fleißiges Ärzteteam vor, das eine neue Methode zur Krebsbehandlung entwickelt und in einer klinischen Studie gezeigt hat, daß sie tatsächlich wirksamer ist als die herkömmliche. Der Fehler erster Art dieser erdachten Studie war daher wie üblich auf 5 und der Fehler zweiter Art auf 20 Prozent eingegrenzt. Wie groß ist die Wahrscheinlichkeit, daß die neue Behandlungsmethode nur zufällig besser abgeschnitten hat als die herkömmliche Methode? «Völlig klar. Die Irrtumswahrscheinlichkeit beträgt 5 Prozent. So haben wir den Fehler erster Art doch festgelegt.» Das ist die Standardantwort in der Wissenschaft. Aber diese Antwort ist falsch.

Es ist derselbe Trugschluß wie der, den wir am Beispiel der Engländer wie auch der Krebsvorsorgeuntersuchungen und des HIV-Tests im Kapitel «Ohne Panik positiv» vorgestellt haben. Obwohl dort die Untersuchung nur 0,2 Prozent falsch positive Resultate liefert, sind die Probanden bei einem positiven Testergebnis *nicht* mit einer Wahrscheinlichkeit von 99,8 Prozent krank. Die Chance, daß tatsächlich eine Erkrankung vorliegt, hängt nicht nur von der Zuverlässigkeit des Tests, sondern auch von ihrer Prävalenz ab. Und analog dazu: Wenn wir wissen wollen, mit welcher Wahrscheinlichkeit ein Studienergebnis wahr ist, dann benötigen wir Angaben zur Zuverlässigkeit der Studie (also zum Fehler erster und zweiter Art) und ebenfalls die Prävalenz. Der Vergleich der Tabellen 38 und 39 macht dies deutlich.

Die falsch positiven Ergebnisse des Gesundheitstests in Tabelle 38 entsprechen dem Fehler erster, die falsch negativen dem Fehler zweiter Art. Wir können diese Tabelle, wie in Tabelle 39 gezeigt, auf unser Beispiel mit der neuen Krebstherapie übertragen.

Tabelle 38: Übersichtstabelle zur Bestimmung der Wahrscheinlichkeit bei positivem Testergebnis, tatsächlich krank zu sein

	Test positiv	Test negativ
Krank	Richtig positiv	Falsch negativ
Gesund	Falsch positiv	Richtig negativ

Tabelle 39: Übersichtstabelle zur Bestimmung der Wahrscheinlichkeit, daß die neue Behandlung bei positivem Studienergebnis tatsächlich besser als die herkömmliche ist

	Studie positiv	Studie negativ
Neue Behandlung ist besser	*Power*	Fehler zweiter Art
Neue Behandlung ist nicht besser	Fehler erster Art	Signifikanzniveau

Power: Wenn eine Studie einen Fehler zweiter Art von 20 Prozent hat, dann spricht man auch davon, daß sie eine *power* von 80 Prozent hat (100 Prozent − 20 Prozent = 80 Prozent).
Signifikanzniveau: Wenn der Fehler erster Art 5 Prozent beträgt, dann ist das Signifikanzniveau 100 Prozent − 5 Prozent = 95 Prozent.

Um im ersten Kapitel (Tabellen 1 bis 5) die Wahrscheinlichkeiten dafür berechnen zu können, daß ein bestimmter Patient mit einem positiven Testergebnis tatsächlich krank ist, mußten wir wissen, wie häufig die Krankheit überhaupt auftritt. Ohne die Prävalenz (in diesem Fall die vor dem Test ermittelte Chance, daß jemand krank ist) bleibt Tabelle 38 nutzlos. Um in Tabelle 39 angeben zu können, mit welcher Wahrscheinlichkeit eine neue Therapie mit einem positiven Studienergebnis tatsächlich besser ist als die Standardtherapie, benötigen wir ebenfalls eine Prävalenz. Sie bezeichnet in unserem Beispiel die Chance, mit der ein Forscher oder ein Forschungsteam ein wirklich effektiveres Behandlungsverfahren für eine Studie auswählt.

Neue Therapiekonzepte entstehen am Schreibtisch, auch wenn die in sie einfließenden Erfahrungen an anderer Stelle gesammelt worden sind. So kann es passieren, daß zehn von zwanzig tollen Ideen eines genialen Forschers eine Verbesserung ergäben, wenn man sie untersuchte. Die Prävalenz oder treffender die A-priori-Wahrscheinlichkeit [2] beträgt dann 50 Prozent. Ein weniger begnadeter Wissenschaftler hat ebenfalls zwanzig tolle Ideen, aber nur eine davon hätte sich als Treffer erwiesen. Seine A-Priori-Wahrscheinlichkeit beträgt 5 Prozent. Es ist leicht einzusehen, daß ein Fachmann mit größerer Sicherheit etwas Sinnvolles untersucht als ein Nichtfachmann. Soweit uns bekannt ist, existieren aber keine verläßlichen und anerkannten Methoden zur Berechnung von A-priori-Wahrscheinlichkeiten.

Unseres Wissens gibt es zu diesem Problem noch keine Lösung. Ebensowenig wie für die mit ihm eng verwandte Frage des folgenden Abschnitts.

Aristoteles und der außerirdische Papst
Unlogisches Schließen bei Signifikanztests

Die Interpretation von in Signifikanztests berechneten Wahrscheinlichkeiten verstößt, wie wir sehen werden, in den meisten Fällen gegen die Regeln fundamentaler Logik. Ein ungelöstes Dilemma, in der Literatur sporadisch diskutiert [29], haben wir in einem kleinen Beitrag in *Nature* neu formuliert (Beck-Bornholdt und Dubben 1996):

«Die Logik des Schließens stammt von Aristoteles. Er hat be-

2 «A priori» bedeutet: im voraus, vorher.

schrieben, unter welchen Voraussetzungen gültige Schlußfolgerungen aus Prämissen gezogen werden können. Ein bekanntes Beispiel ist das folgende: Aus den beiden Annahmen (1) Alle Menschen sind sterblich und (2) Sokrates ist ein Mensch kann geschlossen werden: (3) Sokrates ist sterblich. Eine notwendige Vorbedingung für die Gültigkeit dieser Folgerung ist, daß die Prämissen absolut wahr sind. Absolute Sicherheit ist jedoch nicht das Arbeitsfeld der Statistik.

Diese Art des Schließens wird falsch, wenn sie auf probabilistische Annahmen angewandt wird, das heißt, wenn die Prämissen nur wahrscheinlich sind, aber nicht absolut wahr. Wählen wir beispielsweise irgendeinen Menschen zufällig aus, ist die Chance, daß es sich um den Heiligen Vater in Rom handelt, sehr gering. Sie beträgt eins zu sechs Milliarden, also 0,00000000017. Darum: (1) Wenn ein Individuum ein Mensch ist, dann ist es wahrscheinlich nicht der Papst (p = 0,00000000017); (2) Johannes Paul II ist der Papst; (3) also ist er kein Mensch (p = 0,00000000017). Dies ist offensichtlich unsinnig.

Das Beispiel zeigt, daß der Übergang von absoluter Sicherheit zu einer Wahrscheinlichkeitsaussage zu einer falschen Schlußfolgerung führt. Unglücklicherweise ist dies aber formal exakt das Verfahren, das beim statistischen Test von Hypothesen eingesetzt wird: (1) Wenn die Nullhypothese wahr ist, dann sind diese Daten unwahrscheinlich (p < 0,05); (2) die Daten sind aber eingetreten; (3) also ist die Nullhypothese ungültig (p < 0,05).

Daß diese Art des Schließens falsch ist, hat bereits Aristoteles vor mehr als zweitausend Jahren festgestellt, ein Umstand, der in der Fachliteratur während der letzten Jahrzehnte auch sporadisch diskutiert wurde. Dennoch behauptet sich dieser Trugschluß weiterhin, anscheinend, weil es keine Alternativen dazu gibt. Weiß irgend jemand einen Ausweg aus dem Dilemma?»

Unser Beitrag hat eine lebhafte Debatte in *Nature* ausgelöst[3], die

3 Edwards 1996; Eddy und MacKay 1996; Gosden 1996; Craven und Craven 1996; Nelson 1996; Godfrey 1996.

der Herausgeber vier Monate später mit dem Vermerk «This correspondence is closed now – Editor, *Nature*[4]» abbrach. Der Haupteinwand bestand darin, daß der Papst (in unserem Beispiel) nicht zufällig aus der Menge der gesamten Menschheit ausgewählt wurde. Statistik sei aber nur auf Zufallsstichproben anwendbar. Zur besseren Übersicht haben wir die Aussagen unserer Papstbotschaft in Tabelle 40 zusammengefaßt und um ein Beispiel mit zweifelsfrei zufälliger Stichprobe erweitert.

Ein Lottogewinner wird durch ein Zufallsverfahren ermittelt, nämlich mit einer Lostrommel. Die Chance des Lottospielers ist gering. Sie beträgt 1 zu 13 983 816 für 6 aus 49 richtig gewählte Zahlen. Wissenschaftlich formuliert heißt das: Wenn Sie Lotto spielen, werden Sie nicht gewinnen (p = 1/13 983 816 = 0,000000072). Nach gegenwärtig gängiger wissenschaftlicher «Logik» können Sie jedem Lottogewinner nachsagen: «Du hast gewonnen, also hast du nicht gespielt (p = 1/13 983 816 = 0,000000072).» Unser Papstbeispiel führt also auch bei einer Zufallsstichprobe zu einem absurden Ergebnis.

Einer unserer Leser (Gosden 1996) unterstellt uns, wir hätten eine unsinnige Logik angewandt: Alle Menschen sind sterblich, also sind alle Sterblichen Menschen. Den Fehlschluß haben wir gewiß nicht begangen.

Eine mögliche und amüsante Variante, aber nicht dasselbe wie unser Papstproblem ist folgende Sequenz aus den Zuschriften (Nelson 1996): (1) Wenn ein Individuum ein Mensch ist, dann ist es wahrscheinlich nicht der Papst (p = 0,00000000017); (2) Johannes Paul II ist ein Mensch; (3) also ist er nicht der Papst (p = 0,00000000017).

Wir konnten in den Zuschriften keine Widerlegung unseres Einwands gegen die gegenwärtige (Un-)Logik bei der Interpretation wissenschaftlicher Ergebnisse entdecken. Kennen Sie einen Ausweg aus dieser Zwickmühle?

4 Der Vermerk steht in *Nature* 383, Seite 381, vom 3. Oktober 1996 am Ende des Beitrags «Logical conclusion».

Tabelle 40: Absurde Beispiele, die aber völlig analog zur gegenwärtig üblichen wissenschaftlichen Schlußweise sind. Bereits Aristoteles hat gezeigt, daß der sogenannte modus tollens, der in der letzten Zeile in Boolescher Notation wiedergegeben ist, zu falschen Schlußfolgerungen führt, wenn die Prämissen nicht absolut wahr sind. Da Prämisse I eine Wahrscheinlichkeitsaussage ist, darf der modus tollens nicht angewandt werden.

	Prämisse I	Prämisse II	Konklusion
Wissenschaftliche «Logik»	Wenn die Nullhypothese wahr ist, dann sind diese Daten unwahrscheinlich ($p \leq 0,05$).	Die Daten sind gemessen worden.	Also ist die Nullhypothese ungültig ($p \leq 0,05$).
Papst	Wenn ein Individuum ein Mensch ist, dann ist es wahrscheinlich nicht der Papst ($p = 0,00000000017$).	Johannes Paul II ist der Papst.	Also ist Johannes Paul II kein Mensch ($p = 0,00000000017$).
Lottogewinner	Wenn jemand Lotto spielt, dann gewinnt er wahrscheinlich nicht ($p = 0,000000072$)[5]	Jemand gewinnt im Lotto.	Also spielt ein Lottogewinner nicht Lotto ($p = 0,000000072$).
Boolesche Notation	$A \Rightarrow \neg B$[6]	B	$\neg A$

5 Die Wahrscheinlichkeit für den Hauptgewinn im Spiel 6 aus 49 beträgt 1 zu 13 983 816.
6 Für Mathematikkenner: Die Boolesche Notation ist hier bereits falsch angewandt, denn das Zeichen $\Rightarrow$ steht, wenn richtig eingesetzt, für eine absolute und nicht wie hier für eine wahrscheinliche Konsequenz. Der Verstoß gegen die Anwendbarkeit des *modus tollens* hat also zur Folge, daß es dafür eigentlich auch keine Boolesche Schreibweise gibt.

Schwamm ist ein vorzügliches Material ...
Vom Wesen der Wissenschaft

Aus Fehlern wird man klug. Unserer Auffassung nach entspringt der Fortschritt in der Wissenschaft in erster Linie der strengen und gründlichen Kritik gängiger Theorien und Auffassungen. Der vorsätzliche und auf den ersten Blick destruktive Versuch, Irrtümer und Fehler aufzuzeigen, ist in Wahrheit eine äußerst konstruktive Maßnahme. Mit dieser Sicht befinden wir uns zwar in guter Gesellschaft (Popper 1962; Mayo 1996), doch ist sie nicht sehr populär. Das kann daran liegen, daß der gegenwärtige Forschungsbetrieb nur die Flucht nach vorn zuläßt. Positive Ergebnisse werden erwartet und gefördert, berechtigte Zweifel hingegen nicht belohnt.

Die Reputation eines Wissenschaftlers hängt heutzutage davon ab, daß er regelmäßig Ergebnisse produziert. Andernfalls verliert er seinen guten Ruf und vielleicht sogar seinen Arbeitsplatz. Entdeckungen kann man aber nicht bestellen wie ein Auto und nach angemessener Lieferfrist abholen. Es gibt kein Kochrezept für neue und vor allem gute Ideen. Sauberes Arbeiten und Fleiß allein reichen nicht aus. Es ist absurd zu glauben, daß jeder Forscher pro Jahr mindestens eine international beachtenswerte Entdeckung macht. Dies wird aber von den Förderungsgremien erwartet.

Je mehr neue Erkenntnisse ein Wissenschaftler pro Jahr gewinnt, um so höher ist sein Ansehen, um so sicherer sein Arbeitsplatz und um so mehr Forschungsgelder erhält er. In der Geschichte der Wissenschaft hat es immer wieder Genies gegeben, die tatsächlich laufend mit Entdeckungen aufwarten konnten. Dies sind Ausnahmen. Unter den gegenwärtigen Bedingungen der Forschungsförderung wächst die Bereitschaft, mit Tricks und Täuschungsmanövern zum

Ziel zu kommen. Wir haben den Eindruck, daß dies auch unbewußt geschehen kann, denn die uns persönlich bekannten Kollegen sind im allgemeinen von ihren Ergebnissen überzeugt.

Wer wird sein «schönes» Resultat, das ihm den Doktortitel, einen Arbeitsvertrag oder eine Projektförderung einbringen oder Etatkürzungen verhindern kann, ernsthaft auf Herz und Nieren prüfen? Statt das Risiko einzugehen, sich selbst zu widerlegen, nutzt man doch viel lieber seine Zeit für neue schöne Ergebnisse. Gegenwärtig wird eher Nachlässigkeit gefördert. Selbstkritik, Kritik und gesunde Skepsis, die wichtigsten Werkzeuge der Forschung, sind bei dieser Art von Wissenschaft eher hinderlich.

Tricks, die sich bewährt haben, kopieren Kollegen natürlich sofort, oft ohne zu merken, daß sie nur einen Kunstgriff und nicht eine wissenschaftliche Methode übernehmen. Wenn der Trick gut ist, dann sind die Nachahmer in den folgenden Jahren ebenfalls besonders erfolgreich und werden deshalb wiederum kopiert. So breitet sich eine neue List aus wie eine Grippewelle. Und wenn jeder die Grippe hatte, ebbt sie auch wieder ab. Das dabei verbreitete «neue Wissen» füllt dann die Regale der Bibliotheken und verstaubt.

Eine sehr treffende Beschreibung des gegenwärtigen Zustands der Wissenschaft haben wir in einer Kurzgeschichte Mark Twains mit dem etwas irreführenden Titel «Einige gelehrte Fabeln für gute alte Knaben und Mädchen» (Mark Twain 1860) gefunden. Diese Satire, die vor weit über hundert Jahren entstand, ist noch immer hochaktuell, vielleicht weil sie das eigentliche und somit unveränderliche Wesen der Wissenschaft beschreibt. Das letzte Wort möchten wir daher Mark Twain und das allerletzte Professor Angelwurm überlassen:

«Einst hielten die Geschöpfe des Waldes eine große Versammlung ab und ernannten eine Kommission, bestehend aus den ausgezeichnetsten Gelehrten, die ausziehen sollte, weit aus dem Walde und hinaus in die unbekannte und unerforschte Welt, um die Wahrheit all dessen zu bestätigen, was an ihren Schulen und Universitäten bereits gelehrt wurde, und ferner, um neue Entdeckungen zu machen. Es war das imposanteste Unternehmen dieser Art, das die Nation je in Angriff genommen hatte …

Nach Verlauf dreier Wochen trat die Expedition aus dem Walde heraus und blickte auf die weite, unbekannte Welt. Ein eindrucksvolles Schauspiel bot sich ihren Augen. Vor ihnen dehnte sich eine ungeheuer weite Ebene aus, bewässert von einem sich vielfach windenden Strom, und dahinter türmte sich eine lange, hohe Schranke in den Himmel, sie wußten nicht, was.

Der Mistkäfer sagte, er glaube, es sei einfach Land, hochkant stehend, denn er sei sicher, Bäume darauf zu erkennen. Professor Schnecke und die anderen erwiderten jedoch: ‹Sie sind zum Graben angestellt, Sir – zu weiter nichts. Wir brauchen Ihre Muskeln, nicht Ihren Verstand. Wenn wir Ihre Meinung über wissenschaftliche Dinge hören wollen, werden wir uns beeilen, Sie das wissen zu lassen. Überdies ist Ihre Unverfrorenheit unerträglich – hier herumzubummeln und sich in erhabene Fragen der Gelehrsamkeit einzumischen, während die anderen Arbeiter das Lager aufschlagen! Gehen Sie los und helfen Sie beim Abladen des Gepäcks.›

Unzerschmettert, uneingeschüchtert machte der Mistkäfer auf dem Absatz kehrt und bemerkte dabei zu sich selbst: ‹Wenn das kein hochkant gestelltes Land ist, will ich den Tod des Ungerechten sterben!›

Professor Ochsenfrosch … sagte, er glaube, der Höhenrücken sei der Wall, der die Erde umschließe. Er fuhr fort: ‹Unsere Väter haben uns eine Menge Wissen hinterlassen, aber sie waren nicht weit gereist, und deshalb dürfen wir dies als eine herrliche neue Entdeckung betrachten. Unser Ruhm ist uns nun sicher, selbst wenn unsere Arbeiten mit dieser einen Leistung beginnen und enden würden. Ich bin neugierig, woraus dieser Wall errichtet ist. Ob es Schwamm ist? Schwamm ist ein redliches, gutes Material zur Errichtung eines Walls.›

Professor Schnecke nahm den Feldstecher an die Augen und unterzog den Wall einer kritischen Untersuchung. Endlich sagte er: «Der Umstand, daß er nicht transparent ist, bestärkt mich in der Überzeugung, daß er ein dicker Dunst ist, gebildet durch die Wärmeerzeugung aufsteigender Feuchtigkeit, die durch Refraktion dephlogistiziert wurde. Wenige endiometrische Experimente würden das bestätigen, aber es ist nicht nötig, die Sache liegt auf der Hand.›

Damit schob er den Feldstecher zusammen und begab sich in sein Haus, um eine Eintragung über die Entdeckung des Endes der Welt und seine Beschaffenheit zu machen.

‹Ein scharfsinniger Kopf!› sagte Professor Angelwurm zu Professor Feldmaus, ‹ein scharfsinniger Kopf! Nichts kann diesem erhabenen Geiste lange ein Geheimnis bleiben!›»

Dank

Wenn wir keine Fehler hätten, würden
wir nicht mit so lebhaftem Ver-
gnügen in anderen welche entdecken.
La Rochefoucauld

Unser besonderer Dank gilt den internationalen Koryphäen unseres und anderer Fachgebiete. Für dieses Buch waren ihre zahlreichen und facettenreichen Trugschlüsse Anlaß, Motivation und Material zugleich. Wir danken den Teilnehmern unserer Vorlesung «Vom Irrtum zum Lehrsatz», von denen wir sehr viel mehr gelernt haben, als sie glauben.

Für kritische Anmerkungen, sachdienliche Hinweise und ermunternde Worte danken wir herzlichst: PD Dr. Michael Baumann, Gertrud Beck, Dr. Jürgen Beeck, Prof. Dr. Jürgen Berger, Sönke Eickhölter, Renate Erb, Dr. Lothar Jander, Prof. Dr. Horst Jung, Dr. H.-Jürgen Krüger, Horst Leps, Dr. Annette Raabe, Jutta Schäfer, Dr. Hubert Vogler und Georg Wronberg.

Für die verbliebenen Fehler sind selbstverständlich nur wir verantwortlich. Glauben Sie uns bitte nichts! Prüfen Sie alles selber nach. Wenn Sie einen Fehler finden oder eine Anregung haben, dann lassen Sie es uns bitte wissen (Institut für Biophysik und Strahlenbiologie, Martinistr. 52, 20246 Hamburg).

Anhang
Für diejenigen, die alles ganz genau wissen wollen

Jede Formel in einem Buch halbiert die Anzahl der Leser (Penrose 1991). Darum sind die Formeln weitgehend in die Fußnoten und in diesen Anhang verbannt. Wir haben hier ein paar nützliche Werkzeuge zusammengestellt, die uns immer wieder gute Dienste geleistet haben:

1. eine Tabelle, der zu entnehmen ist, wie viele zufällig signifikante Ergebnisse Sie erwarten können, wenn eine bestimmte Anzahl von Tests durchgeführt wurde;

2. eine Tabelle, die angibt, wie sicher Sie sein können, daß ein Ereignis wirklich selten eintritt, wenn es selten beobachtet worden ist;

3. eine Tabelle, mit deren Hilfe Sie auf einfache Weise den 95-Prozent-Vertrauensbereich des Medianwerts bestimmen können, und

4. eine Tabelle, eine Grafik und eine Formel, mit deren Hilfe Sie aus der Prüfgröße χ^2, die wir zum Beispiel mit dem Vierfeldertest ermittelt haben, den Fehler erster Art (p-Wert) bestimmen können.

I. Wie viele Zufallsergebnisse kann man erwarten?
Anzahl der zufällig signifikanten Ergebnisse
bei Mehrfachtests

Viele Autoren geben in ihren Publikationen nicht die berechneten Irrtumswahrscheinlichkeiten (p-Werte) an, sondern weisen nur darauf hin, daß sie ein oder mehrere signifikante Parameter gefunden haben. Eine Mehrfachtestkorrektur ist dann zwar nicht möglich, aber mit Tabelle 41 kann man trotzdem die Aussagekraft der Arbeit einschätzen. Sie zeigt, wie viele signifikante Ergebnisse x bei der Durchführung von n Tests mit völlig bedeutungslosen Parametern zu erwarten sind. Beispiel: Die Wahrscheinlichkeit, drei oder mehr signifikante Ergebnisse zu erhalten, beträgt bei der Durchführung von fünfundzwanzig Tests immerhin 13 Prozent (Tabelle 41: n = 25, x = 3).

II. Seltenheit seltener Ereignisse
Maximale Häufigkeit seltener Ereignisse

Für den Umgang mit «seltenen» Ereignissen ist Tabelle 42 gedacht. Sie gibt für verschiedene Patientenzahlen und Anzahlen zum Beispiel von Nebenwirkungen den einseitigen oberen 95-Prozent-Vertrauensbereich exakt an. Zweck und Anwendung der Tabelle lassen sich am besten an ein paar Beispielen erläutern.

Beispiel 1: Ein neuartiges Therapiekonzept wird getestet. Man hat keinerlei Anhaltspunkte, um beurteilen zu können, wie häufig die Nebenwirkungen sind. In einer Serie von zwanzig Patienten tritt keine Komplikation auf. Das könnte jedoch reiner Zufall sein. Tabelle 42 ist zu entnehmen, daß die Häufigkeit maximal 14 Prozent beträgt (mit 95prozentiger Sicherheit).

*Tabelle 41: Wahrscheinlichkeit (in Prozent), mindestens x signifi-
kante Ergebnisse rein zufällig zu finden, wenn n unabhängige Tests
mit völlig irrelevanten Parametern durchgeführt werden ($p_i \leq 0,05$)*

Anzahl der Tests	Wahrscheinlichkeit (%) für mindestens x signifikante Zufallsbefunde									
n	x=1	x=2	x=3	x=4	x=5	x=6	x=7	x=8	x=9	x=10
1	5									
2	9,75	0,25								
3	14	0,73	0,01							
4	19	1,4	0,05							
5	23	2,3	0,12							
6	26	3,3	0,22	0,01						
7	30	4,4	0,38	0,02						
8	34	5,7	0,58	0,04						
9	37	7,1	0,84	0,06						
10	40	8,6	1,2	0,10	0,01					
11	43	10	1,5	0,16	0,01					
12	46	12	2,0	0,22	0,02					
13	49	14	2,5	0,31	0,03					
14	51	15	3,0	0,42	0,04					
15	54	17	3,6	0,55	0,06	0,01				
16	56	19	4,3	0,70	0,09	0,01				
17	58	21	5,0	0,88	0,12	0,01				
18	60	23	5,8	1,1	0,15	0,02				
19	62	25	6,7	1,3	0,20	0,02				
20	64	26	7,6	1,6	0,26	0,03				
25	72	36	13	3,4	0,72	0,12	0,02			
30	79	45	18	6,1	1,6	0,33	0,06	0,01		
35	83	53	25	9,6	2,9	0,72	0,15	0,03		
40	87	60	32	14	4,8	1,4	0,34	0,07	0,01	
45	90	67	39	19	7,3	2,4	0,66	0,16	0,03	0,01
50	92	72	46	24	10	3,8	1,2	0,32	0,08	0,02
60	95	81	58	35	18	7,9	3,0	0,98	0,29	0,07
70	97	87	69	47	27	14	6,0	2,3	0,80	0,25
80	98	91	77	57	37	21	11	4,7	1,8	0,65
90	99	94	83	66	47	29	16	8,1	3,6	1,5
100	99,4	96	88	74	56	38	23	13	6,3	2,8

Tabelle 42: *Maximale Häufigkeit (das heißt obere Grenze des einseitigen 95-Prozent-Vertrauensbereichs) in Prozent als Funktion der Anzahl der Ereignisse und der Patienten im Risiko*

Anzahl der Patienten	Anzahl der Ereignisse																
	0	1	2	3	4	5	6	7	8	9	10	12	15	20	30	50	100
1	95	100															
2	78	98	100														
3	64	87	99	100													
4	53	76	91	99	100												
5	46	66	82	93	99	100											
6	40	59	73	85	94	99,2	100										
7	35	53	66	78	88	95	99,3	100									
8	32	48	60	72	81	89	96	99,4	100								
9	29	43	55	66	75	84	91	96	99,5	100							
10	26	40	51	61	70	78	85	92	97	99,5	100						
12	23	34	44	53	61	69	76	82	88	93	97	100					
14	20	30	39	47	55	61	68	74	80	85	90	98	100				
16	18	27	35	42	49	55	61	67	73	78	83	91	99,7				
18	16	24	32	38	44	50	56	61	66	71	76	85	96				
20	14	22	29	35	41	46	51	56	61	66	70	79	90	100			
25	12	18	24	29	33	38	42	47	51	55	59	66	77	92			
30	9,5	15	20	24	28	32	36	40	43	47	50	57	67	81	100		
35	8,2	13	17	21	25	28	32	35	38	41	44	50	59	72	95		
40	7,3	12	15	19	22	25	28	31	34	36	39	45	52	64	86		
45	6,5	11	14	17	20	22	25	28	30	33	35	40	47	58	79		
50	5,9	9,2	13	15	18	20	23	25	28	30	32	36	43	53	72	100	

60	100	91	62	45	36	31	27	25	23	21	19	17	15	13	11	7,7	4,9
70		81	54	39	32	27	24	22	20	18	17	15	13	11	8,8	6,6	4,2
80		72	48	35	28	24	21	19	18	16	15	13	12	9,5	7,7	5,8	3,7
90		65	43	31	25	21	19	17	16	15	13	12	9,9	8,4	6,9	5,2	3,3
100		59	39	28	23	19	17	16	14	13	12	11	9,0	7,6	6,2	4,7	3,0
150	74	41	27	19	15	13	12	11	9,5	8,6	7,8	6,9	6,0	5,1	4,2	3,2	2,0
200	57	31	20	15	12	9,6	8,4	7,8	7,2	6,5	5,9	5,2	4,6	3,9	3,2	2,4	1,5
250	46	25	16	12	9,1	7,7	6,7	6,2	5,7	5,2	4,7	4,2	3,7	3,1	2,5	1,9	1,2
300	39	21	14	9,6	7,6	6,4	5,6	5,2	4,8	4,4	4,0	3,5	3,1	2,6	2,1	1,6	0,99
350	33	18	12	8,2	6,6	5,5	4,8	4,5	4,1	3,8	3,4	3,0	2,6	2,2	1,8	1,4	0,86
400	29	16	11	7,2	5,8	4,9	4,3	3,9	3,6	3,3	3,0	2,7	2,3	2,0	1,6	1,2	0,75
450	26	14	9,0	6,4	5,1	4,3	3,8	3,5	3,2	3,0	2,7	2,4	2,1	1,8	1,4	1,1	0,67
500	24	13	8,1	5,8	4,6	3,9	3,4	3,2	2,9	2,7	2,4	2,1	1,9	1,6	1,3	0,95	0,60
1000	12	6,3	4,1	2,9	2,3	2,0	1,7	1,6	1,5	1,4	1,2	1,1	0,92	0,78	0,63	0,48	0,30
1500	7,9	4,2	2,8	2,0	1,6	1,3	1,2	1,1	0,96	0,88	0,79	0,70	0,61	0,52	0,42	0,32	0,20
2000	5,9	3,2	2,1	1,5	1,2	0,97	0,85	0,79	0,73	0,66	0,60	0,53	0,46	0,39	0,32	0,24	0,15
2500	4,8	2,6	1,7	1,2	0,93	0,78	0,68	0,63	0,58	0,53	0,48	0,42	0,37	0,31	0,26	0,19	0,12
3000	4,0	2,2	1,4	0,97	0,77	0,65	0,57	0,53	0,49	0,44	0,40	0,35	0,31	0,26	0,21	0,16	0,10
3500	3,4	1,9	1,2	0,83	0,66	0,56	0,49	0,45	0,42	0,38	0,34	0,30	0,27	0,23	0,18	0,14	0,086
4000	3,0	1,6	1,1	0,73	0,58	0,49	0,43	0,40	0,37	0,33	0,30	0,27	0,23	0,20	0,16	0,12	0,075
4500	2,7	1,5	0,91	0,65	0,52	0,44	0,38	0,35	0,33	0,30	0,27	0,24	0,21	0,18	0,14	0,11	0,067
5000	2,4	1,3	0,82	0,59	0,47	0,39	0,34	0,32	0,29	0,27	0,24	0,21	0,19	0,16	0,13	0,095	0,060
6000	2,0	1,1	0,68	0,49	0,39	0,33	0,29	0,27	0,24	0,22	0,20	0,18	0,16	0,13	0,11	0,079	0,050
7000	1,7	0,91	0,59	0,42	0,33	0,28	0,25	0,23	0,21	0,19	0,17	0,15	0,14	0,12	0,090	0,068	0,043
8000	1,5	0,79	0,51	0,37	0,29	0,25	0,22	0,20	0,18	0,17	0,15	0,14	0,12	0,097	0,079	0,059	0,037
9000	1,4	0,71	0,46	0,33	0,26	0,22	0,19	0,18	0,16	0,15	0,14	0,12	0,11	0,086	0,070	0,053	0,033
10000	1,2	0,64	0,41	0,29	0,24	0,20	0,17	0,16	0,15	0,14	0,12	0,11	0,092	0,078	0,063	0,047	0,030

Beispiel 2: Von sechzig Patienten haben zwei Nebenwirkungen erlitten. Nach Tabelle 42 beträgt die maximale Komplikationsrate 11 Prozent. Es ist bemerkenswert, daß sie den durchschnittlichen Wert von $2/_{60} = 0,033 = 3,3$ Prozent deutlich überschreitet.

Mit der Tabelle kann auch die Mindestanzahl auswertbarer Patienten ermittelt werden, die in Studien zur Bestimmung von Toleranzdosen nötig ist. Dabei führt die Toleranzdosis zu einer vorgegebenen maximal akzeptierbaren Häufigkeit von Nebenwirkungen.

Beispiel 3: Ziel einer Studie ist die Ermittlung der Dosis einer Therapie, die bei maximal 5 Prozent der Behandlungen zu einer bestimmten Komplikation führt. Nach Tabelle 42 werden dazu mindestens sechzig Patienten benötigt. Dieser Wert ist abzulesen neben den 4,9 Prozent der «0 Ereignis»-Spalte. Mit nur fünfzig Patienten ohne Ereignis beträgt die maximale Häufigkeit bereits 5,9 Prozent. Ist nur ein Risiko von 0,1 Prozent akzeptierbar, dann sind mindestens dreitausend Patienten zur Toleranzdosenbestimmung erforderlich.

Die Tabelle wurde berechnet mit der Formel

$$\sum_{K=0}^{E} \binom{N}{K} \times p^K \times (1-p)^{N-K} = 0,05$$

Für E beobachtete unter N möglichen Ereignissen wird die exakte obere Grenze des einseitigen oberen 95-Prozent-Vertrauensbereiches durch das p angegeben, das die obige Gleichung erfüllt.

III. Medianwert und 95-Prozent-Vertrauensbereich

Der Medianwert ist derjenige, der in der Mitte einer Reihe nach ihrer Größe sortierter Einzelwerte steht. Wenn man die Zahlen 21 30 5 107 3 in die entsprechende Reihenfolge bringt, erhält man 3 5 21 30 107. Der Medianwert ist somit die 21. Bei einer geraden Anzahl von Meßdaten ist er der Mittelwert aus den beiden Zahlen, die in der Mitte stehen. Der wichtigste Vorteil des Median- gegenüber dem Mittelwert ist, daß er von extremen Ergebnissen, wie sie zum Beispiel durch einzelne Fehlmessungen entstehen können, weitgehend unbeeinflußt bleibt.

Experimentelle und klinische Daten sind immer nur Stichproben und liefern daher auch nur Schätzwerte für den Mittelwert beziehungsweise Medianwert der Grundgesamtheit, das heißt des «wahren Wertes». Deshalb ist es wichtig, die Zuverlässigkeit dieser Schätzung zu kennen. Ein weiterer großer Vorteil des Medianwertes besteht darin, daß im Gegensatz zum Mittelwert für die Berechnung seines Vertrauensbereiches *keinerlei Annahmen* über die Verteilung der Grundgesamtheit erforderlich sind. Der Vertrauensbereich gilt auch für mehrgipflige Verteilungen. Es ist allgemein üblich, den 95-Prozent-Vertrauensbereich anzugeben. Das ist der Bereich, der mit 95prozentiger Sicherheit den wahren Medianwert enthält. Die Popularität des 95-Prozent-Vertrauensbereiches hängt unmittelbar mit der der Irrtumswahrscheinlichkeit von 5 Prozent ($p \leq 0,05$) zusammen.

Die Berechnung des Vertrauensbereiches des Medianwerts ist sehr einfach. Sie beruht auf der Kombinatorik und liefert als Ergebnis die Tabelle 43, deren Anwendung wir anhand von drei Beispielen erläutern.

Beispiel 1: Wir haben die fünfzehn Meßwerte

35 47 48 51 55 55 60 66 75 76 87 90 102 135 168

Tabelle 43: Wenn n Beobachtungen vorliegen, geordnet vom kleinsten zum größten Wert, so ist der 95-Prozent-Vertrauensbereich für den Median der Grundgesamtheit durch die Spannweite gegeben, die verbleibt, nachdem an einem Ende x und am anderen Ende y Beobachtungen gestrichen wurden.

n	x	y	n	x	y	n	x	y	n	x	y
6	0	0	30	10	5	49	18	15	67	26	22
7	0	0		9	9		17	17		25	25
8	1	0	31	10	8	50	18	17	68	26	24
9	1	1		9	9	51	19	15		25	25
10	1	1	32	10	9		18	18	69	27	23
11	2	1	33	11	9	52	19	17		26	25
12	2	2		10	10		18	18	70	27	25
13	3	1	34	11	10	53	20	14		26	26
	2	2	35	12	9		19	18	71	28	23
14	3	2		11	11	54	20	18		27	26
15	3	3	36	12	11		19	19	72	28	25
16	4	3	37	13	8	55	20	19		27	27
17	4	4		12	12	56	21	18	73	28	27
18	5	2	38	13	11		20	20	74	29	26
	4	4		12	12	57	21	20		28	28
19	5	4	39	13	12	58	22	19	75	29	27
20	5	5	40	14	12		21	21		28	28
21	6	4		13	13	59	22	20	76	30	26
	5	5	41	14	13		21	21		29	28
22	6	5	42	15	12	60	23	19	77	30	28
23	7	4		14	14		22	21		29	29
	6	6	43	15	14	61	23	21	78	31	27
24	7	6	44	16	12		22	22		30	29
25	7	7		15	15	62	24	18	79	31	29
26	8	6	45	16	14		23	22		30	30
	7	7		15	15	63	24	22	80	32	27
27	8	7	46	16	15		23	23		31	30
28	9	7	47	17	15	64	24	23	81	32	29
	8	8		16	16	65	25	22		31	31
29	9	8	48	17	16		24	24	82	33	27
						66	25	24		32	31

n	x	y	n	x	y	n	x	y
83	33	30	98	40	35	112	46	43
	32	32		39	38		45	45
84	33	31	99	40	38	113	47	42
	32	32		39	39		46	45
85	34	31	100	41	36	114	47	44
	33	32		40	39		46	46
86	34	32	101	41	38	115	48	42
	33	33		40	40		47	45
87	35	31	102	42	37		46	46
	34	33		41	40	116	48	45
88	35	33	103	42	39		47	46
	34	34		41	41	117	49	42
89	36	32	104	43	37		48	46
	35	34		42	40		47	47
90	36	34		41	41	118	49	45
	35	35	105	43	40		48	47
91	37	32		42	41	119	50	41
	36	35	106	44	36		49	47
92	37	34		43	41		48	48
	36	36		42	42	120	50	46
93	38	31	107	44	40		49	48
	37	36		43	42	121	50	48
94	38	35	108	44	42		49	49
	37	37		43	43	122	51	47
95	38	36	109	45	41		50	49
	37	37		44	43	123	51	48
96	39	35	110	45	43		50	50
	38	37		44	44	124	52	47
97	39	37	111	46	41		51	49
	38	38		45	44		50	50

n = 15 sind x und y jeweils 3. Wir dürfen deshalb die drei größten (168, 135, 102) und die drei kleinsten Meßwerte (35, 47, 48) streichen. Die verbleibende Spannweite (51 bis 90) ist der 95-Prozent-Vertrauensbereich.

Beispiel 2: Für die vierzehn Meßwerte

35 47 48 51 55 60 66 75 76 87 90 102 135 168

beträgt der Medianwert (75 + 66)/2 = 70,5. Bei n = 14 sind x = 3 und y = 2. Es dürfen auf einer Seite – egal, auf welcher – drei und auf der anderen Seite zwei Meßwerte gestrichen werden. Also entfallen entweder vorn 35, 47 und 48 und hinten 168 und 135, so daß die verbleibende Spannweite 51 bis 102 den 95-Prozent-Vertrauensbereich bildet, oder vorn 35 und 47 und hinten 168, 135 und 102, so daß sich ein 95-Prozent-Vertrauensbereich von 48 bis 90 ergibt. Beide Lösungen sind gleichwertig.

Beispiel 3: Für die dreizehn Meßwerte

35 47 48 51 55 60 66 75 87 90 102 135 168

sind x = 3 und y = 1. Es dürfen auf einer Seite drei und auf der anderen Seite ein Meßwert gestrichen werden. Zunächst liegt der 95-Prozent-Vertrauensbereich demnach bei 51 bis 135 oder 47 bis 90. Es können aber auch x = 2 und y = 2 entfallen, was zu einem 95-Prozent-Vertrauensbereich von 48 bis 102 führt. Alle drei Lösungen sind gleichwertig.

Für diejenigen Leser, die uns auf die Finger schauen wollen und an der Formel für die Berechnung des Vertrauensbereiches interessiert sind, leiten wir sie anhand eines Beispiels her. Gegeben seien fünf Meßwerte. Wie groß ist die Wahrscheinlichkeit, daß der Medianwert der Grundgesamtheit zwischen dem größten und dem kleinsten dieser fünf Meßwerte liegt?

Ein Meßwert ist mit jeweils 50prozentiger Wahrscheinlichkeit größer oder kleiner als der echte Medianwert der Grundgesamtheit – das ergibt sich aus der Definition des Medianwerts. (Der Fall, daß einer der Meßwerte mit dem Medianwert identisch ist, soll hier vernachlässigt werden.)

Die Wahrscheinlichkeit, daß alle fünf Meßergebnisse größer sind als der echte Medianwert, beträgt

$$(1/2)^5 = 1/32$$

Ebensogroß ist die Wahrscheinlichkeit, daß alle fünf kleiner als der Medianwert sind. Für die verbleibende Wahrscheinlichkeit von

$$1 - 1/32 - 1/32 = 30/32 = 0,9375$$

liegt der Medianwert innerhalb der Spannweite. Mit anderen Worten, die Spannweite von fünf Meßwerten entspricht dem «93,75 Prozent»-Vertrauensbereich.

Der 95-Prozent-Vertrauensbereich kann erst mit der Spannweite von sechs Meßwerten überschritten und somit angegeben werden. Dann ist die Wahrscheinlichkeit dafür, daß alle Meßwerte größer beziehungsweise kleiner als der Medianwert sind, $(1/2)^6 = 1/64$. Das heißt, die Wahrscheinlichkeit dafür, daß der Medianwert der Grundgesamtheit in der Spannweite liegt, ist:

$$1 - 1/64 - 1/64 = 62/64 = 0,9688 > 95 \text{ Prozent}$$

Wenn nun deutlich mehr Meßwerte vorliegen, zum Beispiel acht, dann ist die Spannweite deutlich größer als der 95-Prozent-Vertrauensbereich. In diesem Falle kann einer der Extremwerte gestrichen werden. Um die Wahrscheinlichkeit zu berechnen, daß der Medianwert in der dann noch verbleibenden Spannweite der restlichen sieben Meßwerte liegt, muß man zunächst einmal ermitteln, wie groß die Wahrscheinlichkeit ist, daß bei acht Meßwerten *genau einer* größer (kleiner) ist als der Medianwert der Grundgesamtheit. Diese Wahrscheinlichkeit beträgt

$$8 \times (1/2)^8 = 8/256$$

Der Vertrauensbereich der Spannweite bei Streichung eines Extremwertes ist dann also

$$1 - 1/256 - 1/256 - 8/256 = 246/256 = 0,9609 > 95 \text{ Prozent}$$

Bei mehr Meßwerten dürfen dann an beiden Enden immer mehr Extremwerte gestrichen werden, um den 95-Prozent-Vertrauensbereich durch die verbleibende Spannweite zu bestimmen. Wenn P die Wahrscheinlichkeit dafür darstellt, daß die Spannweite der verbleibenden von insgesamt n Meßwerten, von denen man an einem Extrem x und am anderen Extrem y Meßwerte gestrichen hat, den Medianwert der Grundgesamtheit enthält, so ist P gegeben durch die Formel:

$$P = \frac{\sum_{i=x+1}^{n-y-1} \binom{n}{i}}{2^n}$$

‖ IV. Prüfgröße und Fehler erster Art (p-Wert)

Zur Bestimmung des Fehlers erster Art (p-Wert) aus der Prüfgröße des Vierfeldertests bieten wir drei Möglichkeiten, die Sie wahlweise und ganz nach persönlicher Vorliebe anwenden können.

$$p = \frac{1}{2} \times 10^{\frac{-\chi^2}{3,84}}$$

Diese Faustformel gilt in sehr guter Näherung, wenn die Prüfgröße zwischen 2,0 und 8,0 liegt.

Tabelle 44: Tabelle zur Umrechnung von χ^2 in p-Werte (auszugsweise entnommen aus Kendall und Stuart 1961)

χ^2	p	χ^2	p	χ^2	p	χ^2	p	χ^2	p
0,0	1,0000	2,0	0,1573	4,0	0,0455	6,0	0,0143	8,0	0,0047
0,1	0,7518	2,1	0,1473	4,1	0,0429	6,1	0,0135	8,1	0,0045
0,2	0,6547	2,2	0,1380	4,2	0,0404	6,2	0,0128	8,2	0,0042
0,3	0,5839	2,3	0,1294	4,3	0,0381	6,3	0,0121	8,3	0,0040
0,4	0,5271	2,4	0,1214	4,4	0,0359	6,4	0,0114	8,4	0,0038
0,5	0,4795	2,5	0,1139	4,5	0,0339	6,5	0,0108	8,5	0,0036
0,6	0,4386	2,6	0,1069	4,6	0,0320	6,6	0,0102	8,6	0,0034
0,7	0,4028	2,7	0,1004	4,7	0,0302	6,7	0,0097	8,7	0,0032
0,8	0,3711	2,8	0,0943	4,8	0,0285	6,8	0,0092	8,8	0,0030
0,9	0,3428	2,9	0,0886	4,9	0,0269	6,9	0,0087	8,9	0,0029
1,0	0,3173	3,0	0,0833	5,0	0,0254	7,0	0,0082	9,0	0,0027
1,1	0,2943	3,1	0,0783	5,1	0,0240	7,1	0,0078	9,1	0,0026
1,2	0,2733	3,2	0,0737	5,2	0,0226	7,2	0,0073	9,2	0,0025
1,3	0,2542	3,3	0,0693	5,3	0,0213	7,3	0,0069	9,3	0,0023
1,4	0,2367	3,4	0,0652	5,4	0,0202	7,4	0,0066	9,4	0,0022
1,5	0,2207	3,5	0,0614	5,5	0,0191	7,5	0,0062	9,5	0,0021
1,6	0,2059	3,6	0,0578	5,6	0,0180	7,6	0,0059	9,6	0,0020
1,7	0,1923	3,7	0,0544	5,7	0,0170	7,7	0,0056	9,7	0,0019
1,8	0,1797	3,8	0,0513	5,8	0,0160	7,8	0,0053	9,8	0,0018
1,9	0,1681	3,9	0,0483	5,9	0,0151	7,9	0,0050	9,9	0,0017

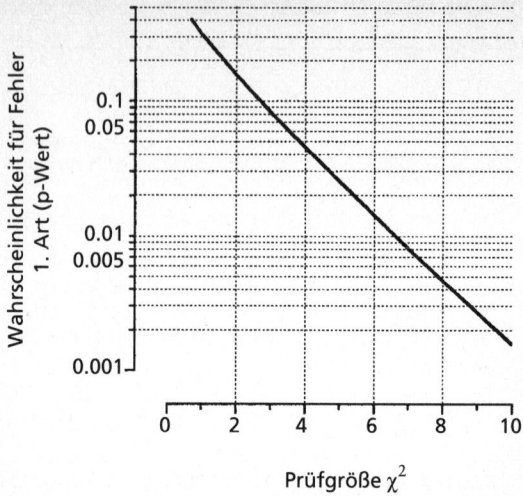

Abbildung 42: Zusammenhang zwischen der Prüfgröße und der Wahrscheinlichkeit, den Fehler erster Art zu begehen. Hier sind einfach die Werte der obigen Tabelle gegeneinander aufgetragen. Das erleichtert die Bestimmung von Zwischenwerten, die die Tabelle nicht enthält.

Anmerkungen

1 Die Angabe einer Prävalenz von 0,3 Prozent (Thomas 1992) ist natürlich ein Durchschnittswert. Da die Wahrscheinlichkeit, an Enddarmkrebs zu erkranken, mit dem Alter zunimmt, ist die Prävalenz bei jungen Menschen deutlich geringer und bei älteren deutlich höher.

2 Für die Informationen zum HIV-Test danken wir Frau Dr. Knödler von der Blutbank sowie Herrn Helfer und Frau Dr. Polywka vom Institut für Medizinische Mikrobiologie und Immunologie der Universität Hamburg.

3 Den Hinweis auf den texanischen Scharfschützen verdanken wir Herrn Prof. Dr. Jürgen Berger vom Institut für Mathematik und Datenverarbeitung in der Medizin, Universität Hamburg.

4 Der Pschyrembel gibt eine Rate von ein bis zwei Fällen pro Million und Jahr an. Das sind bei achtzig Millionen Einwohnern in Deutschland zwischen achtzig und hundertsechzig Fälle jährlich.

5 Dies schreibt C. E. Chastel (1996) vom Virologielabor der Medizinischen Fakultät der Universität Brest in der Zeitschrift *Nature*. Der ursprüngliche Bericht steht im *Rev. Vétérinaire* 3 (1883), Seite 310–312.

6 Ein Beispiel hierfür ist der Bericht über eine ungewöhnliche Häufung von Myeliditen in der CHART-Studie (Dische und Saunders 1989; Dische 1991).

7 In Österreich werden alle Verstorbenen seziert, wenn sie nicht zu Lebzeiten Widerspruch eingelegt haben. Deshalb ist dort die Inzidenz wahrscheinlich am genauesten bekannt. Sie liegt zwischen 1,25 und 1,5 pro Million Einwohner und Jahr. Die tatsächliche Inzidenz dürfte daher auch bei uns in Deutschland etwa 1,3 pro Million und Jahr betragen (Poser et al. 1996).

8 Um die Leser zu überzeugen, wie selten die Creutzfeldt-Jakob-Erkrankung in anderen Ländern bei jungen Menschen aufgetreten sei, wird in der Alarm auslösenden Studie folgendes aufgeführt (frei übersetzt): «Die Creutzfeldt-Jakob-Krankheit ist bei Patienten unter 30 Jahren außergewöhnlich selten. In Großbritannien wurde im Zeitraum von 1970

bis 1989 lediglich ein solcher Fall beschrieben. In Frankreich wurden zwischen 1968 und 1982 zwei Patienten unter 30 Jahren identifiziert; nur einer wurde in Japan zwischen 1975 und 1977 entdeckt; und kein einziger in Israel zwischen 1963 und 1987. Zusätzliche Fälle unter 40 Jahren wurden durch das europäische Creutzfeldt-Jakob-Überwachungsprojekt zwischen 1993 und 1995 identifiziert; zwei Fälle mit 22 und 34 Jahren in den Niederlanden; zwei mit 31 und 33 Jahren in Deutschland; zwei mit 26 und 37 Jahren in Frankreich; und ein Fall mit 37 Jahren in Italien.»

Da BSE außerhalb von Großbritannien nur außerordentlich selten vorkommt, dienen die anderen europäischen Länder in der Studie als Kontrollen. Dies ist sicherlich sinnvoll, denn für den Fall, daß BSE tatsächlich die Creutzfeldt-Jakob-Krankheit beim Menschen verursacht, ist das Risiko für die Briten natürlich um Größenordnungen höher als in anderen Ländern.

Bezüglich der vorliegenden Daten aus der Zeit vor 1990 muß berücksichtigt werden, daß sich die Aufmerksamkeit der Öffentlichkeit und der Ärzte nicht auf die Creutzfeldt-Jakob-Krankheit konzentrierte. Nur ein Bruchteil aller jungen Patienten, die an Creutzfeldt-Jakob erkrankt sind, wird daher in die internationale Fachliteratur gelangt sein. Um abzuschätzen, wie niedrig die Erkrankungsrate bei ihnen tatsächlich ist, benötigen wir die Inzidenz, das heißt die Anteile. Wir wollen ja die Anzahlen nicht mit Anteilen verwechseln (Kapitel 11). Legt man die Gesamtbevölkerung der Länder und eine *beobachtete* Inzidenz der Creutzfeldt-Jakob-Krankheit von fünf pro zehn Millionen Einwohnern und Jahr zugrunde, dann ergibt sich folgende Tabelle:

Tabelle 45: Beobachtete Fälle der Creutzfeldt-Jakob-Krankheit bei jungen Patienten und geschätzte Gesamtzahl in ausgewählten Ländern

Land	Junge Patienten	Zeitraum (Jahre)	Einwohner (Millionen)	Gesamtzahl der Fälle (geschätzt)
Großbritannien	1	19	60	570
Frankreich	2	14	60	420
Japan	1	2	120	120
Israel	0	24	4	48
Summe	4			1158

In Großbritannien wurden seit Mai 1990 sechs von 207 Creutzfeldt-Jakob-Fällen beobachtet, bei denen die Patienten unter dreißig Jahre alt waren. Im Vergleich zu den vier von 1158 Creutzfeldt-Jakob-Fällen aus der obigen Tabelle ist dies hochsignifikant ($p < 0.0001$). Nimmt man aber an, daß vor 1990 weniger als 30 Prozent der aufgetretenen Fälle bei Personen unter dreißig Jahren in die internationale Fachliteratur gelangt sind, dann verschwindet diese Signifikanz.

Bezüglich der europäischen Überwachung der Creutzfeldt-Jakob-Krankheit ergeben sich ähnliche Bedenken, obwohl die Aufmerksamkeit sicherlich bereits höher war. In Deutschland gilt die Meldepflicht erst seit 1994. Hier ergibt sich folgende Tabelle, wobei die Inzidenz wegen der erhöhten Aufmerksamkeit auf acht pro zehn Millionen Einwohner und Jahr geschätzt wurde:

Tabelle 46: Beobachtete Fälle der Creutzfeldt-Jakob-Krankheit bei jungen Patienten und geschätzte Gesamtzahl der Fälle in ausgewählten Ländern

Land	Junge Patienten	Zeitraum (Jahre)	Einwohner (Millionen)	Gesamtzahl der Fälle (geschätzt)
Niederlande	2	2	14	23
Deutschland	2	2	80	128
Frankreich	2	2	60	96
Italien	1	2	40	64
Summe	7			311

In Großbritannien waren von den 207 Patienten neun unter vierzig Jahre alt. Dies ist im Vergleich zu den in der Tabelle angegebenen sieben Fällen von 311 nicht signifikant.

9 Diese Aussage stimmt nicht hundertprozentig. Wasser hat bei verschiedenen Temperaturen eine unterschiedliche Dichte und dehnt sich oberhalb von 4 Grad Celsius aus. Dieses Argument jedoch wird in der öffentlichen Diskussion über die steigenden Meeresspiegel im allgemeinen nicht verwendet.

10 Für Insider: Die neueste Analyse der CHART-Daten (auf einer Tagung vorgetragen, aber noch nicht veröffentlicht) ergab wieder einen Vorteil für die neue Methode (Saunders 1996).

11 Marcial et al. (1987) ist ein vielzitiertes Beispiel auf dem Gebiet der Ra-

dioonkologie. Auch sehr häufig zitiert wird ein Abstract von Datta et al. (1989), das nie zur Publikation gelangte. Lobend hervorzuheben ist hingegen die Studie von Bogaert et al. (1986), von der neun Jahre später ein «Up-date» (Bogaert et al. 1995) erschien. Durch die längere Nachbeobachtungszeit manifestierten sich hochsignifikante schwerste Nebenwirkungen der neuen Therapie. Die katastrophalen Ergebnisse werden zwar ehrlich angegeben, sind aber im Text derart versteckt, daß sie der flüchtige Leser mit Sicherheit übersieht.

12 Ein Beispiel aus unserem Fachgebiet sind die vielzitierten und zum Teil bereits in Lehrbüchern fixierten Untersuchungen zur potentiellen Verdopplungszeit von Tumoren (Begg 1993) und zur Bedeutung des Sauerstoffpartialdrucks (Höckel et al. 1993).

13 Einen Fall aus unserem Fachgebiet haben wir in einem Leserbrief aufgedeckt (Dubben und Beck-Bornholdt 1995). Er bezieht sich auf einen Artikel (Burnet et al. 1994), in dem die Autoren nach einigen Jahren die Stirn besaßen, die aus Opportunismus verschwiegenen Daten einer früheren Untersuchung (Burnet et al. 1992) zu einem späteren Zeitpunkt doch noch zu veröffentlichen. Die ursprüngliche und unvollständige Fassung steht mittlerweile im Lehrbuch (Begg 1993). Die aufgeregte Antwort der Autoren auf unseren knappen Leserbrief findet man bei Burnet et al. (1995).

14 Angeregt durch ein Beispiel in dem Buch von Walter Krämer (1994).

15 Auflösung der Manipulationsaufgaben von Seite 140f.

Milchpreise: Das erste Beispiel ist das einfachste, weil wir uns schon so an diese Art der Manipulation gewöhnt haben. Zunächst berechnen Sie für jedes Jahr die Inflationsrate. Im ersten Jahr Ihres Amtsvorgängers beträgt sie (34/17 − 1) × 100 Prozent = 100 Prozent, weil der Milchpreis von 17 auf 34 Penunzen, also auf das Doppelte gestiegen ist. Dann tragen Sie die Inflationsrate gegen die Zeit auf (Abbildung 43). Bei Ihrem Vorgänger betrug die Inflationsrate immer etwa 100 Prozent. Bei Ihnen hat sie kontinuierlich abgenommen. Mit dieser Grafik können Sie Ihre Wähler leicht davon überzeugen, daß Sie die Geldentwertung in weiteren zehn Amtsjahren vollständig zum Stillstand gebracht haben werden.

Zinsen: Dieses Problem ist schon schwieriger zu lösen. Tragen Sie die Zunahme der Zinsen des Bankhauses Schröpf im Vergleich zu der der anderen Bank auf (Abbildung 44). Die Zunahme der Zinsen war beim Bankhaus Schröpf immer höher.

Inflationsrate: Die Lage erscheint hoffnungslos. Dank unserer Beratung ist Ihre Wiederwahl trotzdem so gut wie gesichert. Stellen Sie sich

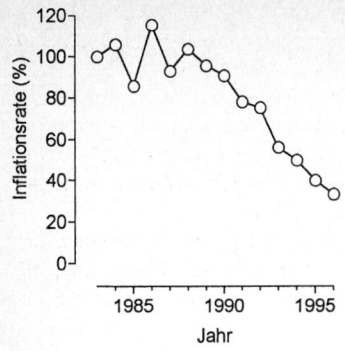

Abbildung 43: Aus den Milch-preisen berechnete Inflations-rate

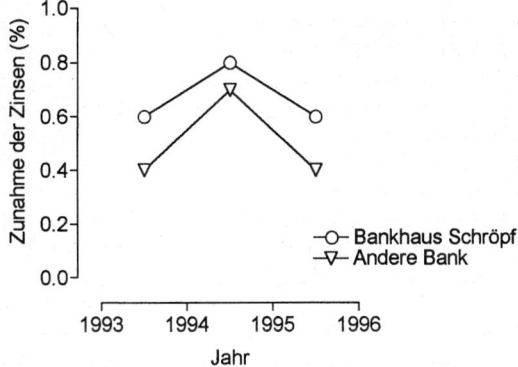

Abbildung 44: Verlauf der Zunahme der Zinszahlungen bei zwei Bank-unternehmen

auf den Standpunkt, Prozentrechnung sei ein statistischer Trick, mit dem Ihr skrupelloser Gegner Ihre Wähler aufs Glatteis führen will. Was schließlich wirklich zählt, sind Mark und Pfennig (Abbildung 45). Beim Amtsantritt Ihres Gegners im Jahre 1976 war die Mark noch 100 Pfennige wert. Als Sie 1986 das Ruder übernahmen, war die Mark im Vergleich zu 1976 nur noch 35 Pfennige wert. Das entspricht einem Kaufkraftverlust von 65 Pfennigen in zehn Jahren. Am Ende Ihrer

Amtsperiode ist die Mark nur noch 6 Pfennige wert. Dies ist zwar bedauerlich, doch beträgt der Wertverlust nur 29 Pfennige in zehn Jahren, also noch nicht einmal die Hälfte dessen, was Ihr Gegner verschuldet hat. Sie können übrigens guten Gewissens versprechen, Sie würden bei Ihrer Wiederwahl dafür sorgen, daß der Wertverlust in Ihrer folgenden Amtsperiode unter 6 Pfennigen bleibt.

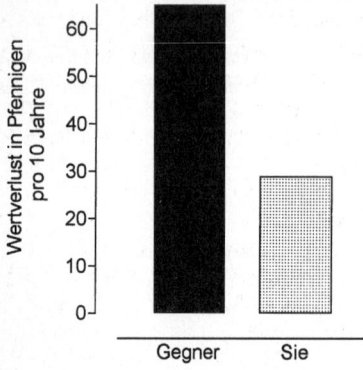

Abbildung 45: Darstellung des Geldwertverlustes

16 Diese Informationen stammen aus dem Artikel von T. J. Hamblin (1981). Der Autor bespricht dort verschiedene Beispiele «resistenter» Irrtümer. Für das Spinatproblem gibt er keine Quelle an. Bitte schreiben Sie uns, wenn Sie uns weiterhelfen können!

17 Ein besonders prägnantes Beispiel für das Stille-Post-Prinzip in unserem Fachgebiet stammt von Jack Fowler, einem sehr bekannten Strahlenbiologen. Unter dem Titel «Loss of local control with prolongation in radiotherapy» veröffentlichte er (Fowler und Lindstrom 1992) eine Metaanalyse, die zeigen sollte, daß sich lange Behandlungszeiten negativ auf die Ergebnisse der Strahlentherapie auswirken. In zehn der zwölf von ihm analysierten Arbeiten ergab sich tatsächlich eine signifikante Verschlechterung der Ergebnisse bei einer protrahierten Behandlung. Es wurde jedoch nicht erwähnt, daß bei elf dieser zwölf Untersuchungen die Verlängerung der Gesamtbehandlungszeit auf eine lange Therapie*pause* zurückzuführen war. Solche Unterbrechungen wirken sich nach heutigem Kenntnisstand tatsächlich ungünstig auf die Ergebnisse aus. Auf der Grundlage dieser Resultate regt Fowler in seiner Ar-

beit und in zahlreichen Vorträgen an, durch Verkürzung der Behandlungszeit die Therapieergebnisse zu verbessern. Berücksichtigt man die Daten, auf denen dieser Vorschlag beruht, so kommt er der absurden Forderung gleich, negative Behandlungspausen einzuführen, was natürlich unmöglich ist. In Fowlers Artikel wurden außerdem zwei Studien verschwiegen, bei denen keine nennenswerten Unterschiede trotz verlängerter Gesamtbehandlungszeit zu beobachten waren (Bentzen 1993; Beck-Bornholdt und Dubben in Harder et al. 1996).

18 Wir stehen im Zusammenhang mit dem «Genuesischen Zepter» vor einem Rätsel ganz anderer Art. Einer von uns (HHD) behauptet, daß er die Story und die Formel erfunden und in unserer Vorlesung am 6. Dezember 1995 vorgetragen hat. Ein halbes Jahr später fiel uns ein Band aus der Rowohlt-Sachbuchreihe *science* in die Hände: *Mein paranormales Fahrrad*, herausgegeben von Gero von Randow, veröffentlicht im Oktober 1993. Es enthält einen Artikel von Cornelis de Jager mit dem Titel «Was ist Radosophie?». In ihm wird fast dieselbe Formel dargestellt und daraus eine Geschichte ums Fahrrad gesponnen wie bei uns um einen Nudellöffel. Das «Genuesische Zepter» ist also ganz dreideutig ein, wenn auch unbewußtes, Plagiat, eine zufällige Koinzidenz oder einfach Gedankenübertragung.

19 Das Rasiermesser haben wir bei Randow (1994) gefunden. Gero von Randow setzt sich kritisch mit diesem «Faulheitsprinzip» auseinander und führt einige interessante Gegenargumente zur vorschnellen Anwendung von «Ockham's blade» an.

20 Vergleiche hierzu Hall (1988), Seite 252 bis 253, Abschnitt «Accelerated repopulation».

21 Aus Gründen der Fairneß sei an dieser Stelle angemerkt, daß die Ergebnisse der Studie aller Wahrscheinlichkeit nach dennoch positiv sind, denn die neue Methode war wesentlich wirksamer in der Tumorvernichtung als die Standardtherapie. Die häufigeren schweren Nebenwirkungen sind jedoch ein erheblicher Schönheitsfehler, den man eben, so gut es ging, versteckt hat (Beck-Bornholdt et al. 1997).

22 Benannt nach dem britischen Statistiker E. H. Simpson, der es 1951 vorstellte. Wir haben es aus Randow (1994).

23 Zu den rühmlichen Ausnahmen gehören unter anderen die Autoren der oben erwähnten CHART-Studie (Dische und Saunders 1989; Nguyen et al. 1985; Nguyen et al. 1988).

24 Dies ist ein inhärentes Problem bei allen multizentrischen Studien. Das Gegenmittel ist die sogenannte stratifizierte Randomisierung, die dafür sorgt, daß der Anteil der Patienten, die mit einer bestimmten Methode

behandelt werden, in allen beteiligten Zentren gleich ist. Fehlt die Stratifizierung nach Zentren bei einer multizentrischen Studie, ist diese wertlos, wenn die Resultate nicht nach Kliniken aufgeschlüsselt dargestellt werden.

25 Diesen Hinweis verdanken wir Herrn Prof. Dr. Jens Bahnsen von der Abteilung für Strahlentherapie des Universitäts-Krankenhauses Hamburg-Eppendorf.

26 Das Spiel ist eine Abwandlung eines Tests, der von dem experimentellen Psychologen P. C. Wason entwickelt wurde. Wir haben es bei Randow (1994) gefunden.

27 Für die mathematisch Interessierten sei an dieser Stelle auf einen Artikel von Stewart (1995) hingewiesen, in dem dargelegt wird, daß Vermutungen, die auf eine begrenzte Folge kleiner Zahlen gegründet sind, in die Irre führen können. Stewart zeigt, daß eigentlich jede begrenzte Folge zum Beispiel mit der Zahl 19 fortgesetzt werden kann.

28 Die richtige Lösung lautet «A» und «7». Wenn ich die Karte «A» umdrehe und finde auf der Rückseite eine ungerade Zahl, dann habe ich die Hypothese falsifiziert. Wenn ich die Karte «7» umdrehe und finde auf der Rückseite einen Vokal, dann habe ich die Hypothese ebenfalls falsifiziert. Mit beiden Karten läßt sich somit die Hypothese testen. Die Hypothese sagt nichts darüber aus, was auf der Rückseite von Konsonanten steht. Egal, ob Sie auf der Rückseite von «T» eine gerade oder eine ungerade Zahl finden, mit der Hypothese hat sie nichts zu tun. Ähnliches gilt für die Rückseite von «4». Die Hypothese lautet ja nicht, daß auf der Rückseite von geraden Zahlen unbedingt ein Vokal stehen muß. Unter den Teilnehmern unserer Vorlesung wählten lediglich sieben von siebenundzwanzig die Kombination «A» und «7». Auch dieses Beispiel zeigt, daß es uns häufig schwerfällt, Hypothesen zu falsifizieren. Intuitiv tendieren wir dazu, unsere Annahmen zu bestätigen.

29 Vgl. Cohen (1994), der angibt, die Gedanken von Pollard und Richardson (1987) zu haben.

Literatur

Anderson, R. M.; C. A. Donelly, N. M. Ferguson, M. E. J. Woolhouse, C. J. Watt, H. J. Udy, S. Mac Whinney, S. P. Dunstan, T. R. E. Southwood, J. W. Wilesmith, J. B. M. Ryan, L. J. Hoinville, J. E. Hillerton, A. R. Austin, G. A. H. Wells: Transmission dynamics and epidemiology of BSE in british cattle. *Nature* 382 (1996), S. 779–788.

Bär, S.: Forschen auf Deutsch, Verlag Harri Deutsch, Frankfurt a. M. 1996.

Beck-Bornholdt, H.-P.; H.-H. Dubben: Experience with continuous hyperfractionated accelerated radiotherapy (CHART). *Int. J. Radiat. Oncol. Biol. Phys.* 23 (1992), S. 678.

Beck-Bornholdt, H.-P.; H.-H. Dubben: Potential pitfalls in the use of p-values and in interpretation of significance levels. *Radiother. Oncol.* 33 (1994), S. 171–176.

Beck-Bornholdt, H.-P.: Intrinsic radiosensitivity of human fibroblasts seems to be unable to predict normal tissue response to radiotherapy. *Int. J. Radiat. Oncol. Biol. Phys.* 32 (1995), S. 553.

Beck-Bornholdt, H.-P.; H.-H. Dubben: No reliable evidence for accelerated repopulation in tumors during continuous fractionated radiotherapy. In: U. Hagen, D. Harder, H. Jung, C. Streffer (Hg.), Proceedings of the 10th International Congress on Radiation Research, 1996, S. 811–814.

Beck-Bornholdt, H.-P.; H.-H. Dubben: Is the pope an alien? *Nature* 381 (1996), S. 730.

Beck-Bornholdt, H.-P.; H.-H. Dubben, C. Liertz-Petersen, H. Willers: Hyperfractionation: Where do we stand? *Radiother. Oncol.*; 43 (1997), S. 1–21.

Begg, A. C.: Prediction of tumor response. In: G. G. Steel (Hg.), Basic Clinical Radiobiology. Edward Arnold Publishers, London 1993.

Bentzen, S. M.: Time-dose relationships for human tumors: Estimation from nonrandomized studies. In: H.-P. Beck-Bornholdt (Hg.), Current topics in clinical radiobiology of tumors. Springer-Verlag, Heidelberg 1993, Kapitel 2.

Bentzen, S. M.; J. Overgaard: Time-dose relationships in radiotherapy. In: G. G. Steel (Hg.), Basic Clinical Radiobiology. Edward Arnold, London 1993, S. 52.

Bickel, P.; E. A. Hammel, J. W. O'Connel: Sex bias in graduate admissions: Data from Berkeley. *Science* 187 (1975), S. 398–404.

Bobbio, M.; et al: *Lancet* 343 (1994), S. 1209–1211. Sekundär zitiert nach: B. Bornkessel: *Arzneimitteltherapie* 13 (1995), S. 30.

Bogaert, W. van den; E. van der Schueren, J.-C. Horiot, G. Chaplain, M. Devilhena, S. Raposo, J. Leonor, S. Schraub, Ch. Chenal, E. Barthelme, A. Daban, F. Eschwege, D. Gonzalez, J.-W. Leer, H. Hamers, V. Svoboda, A. Rigon, G. Arcangeli, H. Sack, M. de Pauw, M. van Glabbeke: Early results of the EORTC randomized clinical trial on multiple fractions per day (MFD) and misonidazole in advanced head and neck cancer. *Int. J. Radiat. Oncol. Biol. Phys.* 12 (1986), S. 587–591.

Bogaert, W. van den; E. van der Schueren, J.-C. Horiot, M. de Vilhena, S. Schraub, V. Svoboda, G. Arcangeli, M. de Pauw, M. van Glabbeke: The EORTC randomized trial on three fractions per day and misonidazole (trial no. 22811) in advanced head and neck cancer: Long-term results and side effects. *Radiother. Oncol.* 35 (1995), S. 91–99.

Brock, W. A.; V. A. Bhadkamkar, M. Williams, G. Spitzer: Radiosensitivity testing of primary cultures derived from human tumors. In: K. H. Kärcher, H. D. Kogelnik, T. Szepesi, (Hg.), Progress in Radio-Oncology, Band III, International Club for Radio-Oncology, Wien 1987, S. 300–306.

Broecker, W. S.: Plötzliche Klimawechsel. *Spektrum der Wissenschaft*, Januar 1996, S. 86–92.

Burnet, N. G.; J. Nyman, I. Turesson, R. Wurm, J. R. Yarnold, J. H. Peacock: Prediction of normal tissue tolerance to radiotherapy from in-vitro cellular radiation sensitivity. *Lancet* 339 (1992), S. 1570 f.

Burnet, N. G.; J. Nyman, I. Turesson, R. Wurm, J. R. Yarnold, J. H. Peacock: The relationship between cellular radiation sensitivity and tissue response may provide the basis for individualising radiotherapy schedules. *Radiother. Oncol.* 33 (1994), S. 228–238.

Burnet, N. G.; J. Nyman, I. Turesson, R. Wurm, J. R. Yarnold, G. G. Steel, J. H. Peacock: Response to letter re: prediction of normal tissue tolerance from in-vitro cellular radiation sensitivity. *Radiother. Oncol.* 36 (1995), S. 245 f.

Chargaff, E.: Vermächtnis. Klett-Cotta, Stuttgart 1992. Zitat: S. 238 f.

Charlton, B. G.: Megatrials are based on a methodological mistake. *British Journal of General Practice* 46 (1996), S. 429–431.

Chastel, C. E.: BSE a specific bovine disease? *Nature* 381 (1996), S. 360.

Cohen, J.: The earth is round (p < .05). *American Psychologist* 49 (1994), S. 997–1003.

Cox, J. D.; T. F. Pajak, A. Herskovic, R. Urtasun, W. J. Podolsky, H. G. Seydel: Five-year survival after hyperfractionated radiation therapy for non-small-cell carcinoma of the lung (NSCCL): Results of RTOG protocol 81–08. *Am J. Clin. Oncol.* 14: 280–284, 1991.

Cox, J. D.; T. F. Pajak, V. A. Marcial, L. Coia, M. Mohiuddin, K. K. Fu, H. M. Selim, R. W. Byhardt, P. Rubin, H. G. Ortiz, L. Martin: Interruptions adversely affect local control and survival with hyperfractionated radiation therapy of carcinomas of the upper respiratory and digestive tracts. *Cancer* 69 (1992), S. 2744–2748.

Craven, B. J.; L. S. Craven: Is the pope the pope? *Nature* 382 (1996), S. 490.

Datta, N. R.; A. D. Choudhry, S. Gupta, A. K. Bose: Twice a day versus once a day radiation therapy in head and neck cancer. *Int. J. Radiat. Oncol. Biol. Phys.* 17 (Suppl. 1), 1989, S. 132–133 (Abstract).

Davis, D. L.; H. L. Bradlow: Verursachen Umwelt-Östrogene Brustkrebs? *Spektrum der Wissenschaft*, Dezember 1995, S. 38–44.

Dische, S.; M. Saunders: Continuous, hyperfractionated, accelerated radiotherapy (CHART): An interim report upon late morbidity. *Radiother. Oncol.* 16 (1989), S. 67–74.

Dische, S.: Accelerated treatment and radiation myelitis. *Radiother. Oncol.* 20 (1991), S. 1 f.

Dische, S.; M. I. Saunders: Response to Drs. Beck-Bornholdt and Dubben. *Int. J. Radiat. Oncol. Biol. Phys.* 23 (1992), S. 678 f.

Dische, S.; M. I. Saunders: Randomised controlled clinical trials with CHART. In: U. Hagen, D. Harder, H. Jung, C. Streffer (Hg.): Proceedings of the 10th International Congress of Radiation Research 1996, S. 863–867.

Di Trocchio, F.: Der große Schwindel. Betrug und Fälschung in der Wissenschaft. Campus, Frankfurt a. M. 1994.

Dörner, D.: Die Logik des Mißlingens. Strategisches Denken in komplexen Situationen. Rowohlt, Reinbek bei Hamburg 1989.

DTV-Atlas der Astronomie, DTV. München 1973.

DTV-Brockhaus-Lexikon, F. A. Brockhaus, Wiesbaden, und DTV, München 1984.

Dubben, H.-H.; H.-P. Beck-Bornholdt: Prediction of normal-tissue tolerance from in vitro cellular radiation sensitivity. *Radiother. Oncol.* 36 (1995), S. 245.

Duden – Zitate und Aussprüche. Dudenverlag, Mannheim 1993.

Dupont, H.: La cuiller genuese. *Bulletin Prehisterique Bearnaise* 37 (1996), S. 45–56.

Eddy, S. R.; D. J. C. MacKay: Is the pope the pope? *Nature* 382 (1996), S. 490.

Edwards, A. W. F.: Is the pope an alien? *Nature* 382 (1996), S. 202.

Ellis, F.: Dose, time, and fractionation: A clinical hypothesis. *Clin. Radiol.* 20 (1969), S. 1–7.

Feinstein, A. R.; D. M. Sosin, C. K. Wells: The Will Rogers phenomenon. Stage migration and new diagnostic techniques as a source of misleading statistics for survival in cancer. *New Engl. J. Med.* 312 (1985), S. 1604–1608.

Fisher, B.; C. Redmond, R. Poisson, R. Margolese, N. Wolmark, L. Wikkerham, E. Fisher, M. Deutsch, R. Caplan, Y. Pilch, A. Glass, H. Shibata, H. Lerner, J. Terz, L. Sidorovich: Eight-year results of a randomized clinical trial comparing total mastectomy with lumpectomy with or without irradiation in treatment of breast cancer. *New Engl. J. Med.* 320 (1989), S. 822–829.

Fisher, B.; S. Anderson, C. K. Redmond, N. Wolmark, D. L. Wickerham, W. M. Cronin: Reanalysis and results after 12 years of follow-up in a randomized clinical trial comparing total mastectomy with lumpectomy with or without irradiation in the treatment of breast cancer. *New Engl. J. Med.* 333 (1995), S. 1456–1461.

Forrow, L.; W. C. William, R. M. Arnold: Absolutely relative: How research results are summarized can affect treatment decisions. *American Journal of Medicine* 92 (1992), S. 121–124.

Fournier, D. von: Kosten-Nutzenanalyse beim Mammographie-Screening. *Radiologe* 36 (1996), S. 300–305.

Fowler, J. F.; M. J. Lindstrom: Loss of local control with prolongation in radiotherapy. *Int. J. Radiat. Oncol. Biol. Phys.* 23 (1992), S. 457–467.

Freiman, J. A.; T. C. Chalmers, H. Smith, R. R. Kuebler: The importance of beta, the type II error, and sample size in the design and interpretation of the randomized controlled trial. In: J. C. Bailar III, F. Mosteller (Hg.), Medical Uses of Statistics. New England Journal of Medicine Books, Boston MA, USA, 1992, S. 357–373.

Frischbier, H.-J.: Beitrag zur kontroversen Einschätzung des Mammographie-Screenings bei asymptomatischen Frauen zwischen dem 40. und 50. Lebensjahr. *Geburtshilfe und Frauenheilkunde* 54: 1–11, 1994.

Godfrey, J.: Logical conclusion. *Nature* 383 (1996), S. 381.

Gore, S. M.: Statistical thinking and when to stop a clinical trial. In: Calber I. Phillips (Hg.), Logic in medicine. BMJ Publishing Group, London 1995.

Gosden, S. P.: Is the pope the pope? *Nature* 382 (1996), S. 490.

Grady, M.; I. Wright, C. Pillinger: Opening a martian can of worms? *Nature* 382 (1996), S. 575 f.

Habermann, E.: Arzneimittel-Allergie. In: G. Fulgraff und D. Palm (Hg.), Pharmakotherapie/klinische Pharmakologie. 9. Auflage, Gustav Fischer Verlag, Stuttgart 1995.

Hall, E. J.: Radiobiology for the Radiologist. Lippincott, Philadelphia, 3. Auflage, 1988.

Halpern, D. F.; S. Coren: Handedness and life span. *New Engl. J. Med.* 324 (1991), S. 998.

Hamblin, T. J., Fake! *Brit. Med. J.*, 283 (1981), S. 1671–1674.

Hochberg, Y.: A sharper Bonferroni procedure for multiple tests of significance. *Biometrika* 74 (1988), S. 800–802.

Höckel, M.; C. Knoop, K. Schlenger, B. Vorndran, E. Baußmann, M. Mitze, P. G. Knapstein, P. Vaupel: Intratumoral pO_2 predicts survival in advanced cancer of the uterine cervix. *Radiother. Oncol.* 26 (1993), S. 45–50.

Holm, S.: A simple sequentially rejective multiple test procedure. *Scand. J. Statist.* 6: 65–70, 1979. Sekundär zitiert aus: Simes, R. J.: An improved Bonferroni procedure for multiple tests of significance. *Biometrika* 73 (1986), S. 751–754.

Horiot, J. C.; R. Le Fur, T. N'Guyen, C. Chenal, S. Schraub, S. Alfonsi, G. Gardani, W. van den Bogaert, S. Danczak, M. Bolla, M. van Glabbeke, M. De Pauw: Hyperfractionation versus conventional fractionation in oropharygeal carcinoma: Final analysis of a randomized trial of the EORTC cooperative group of radiotherapy. *Radiother. Oncol.* 25 (1992), S. 231–241.

Horiot, J. C.: Hyperfractionation is better under well specified circumstances. *Radiother. Oncol.* 29 (1993), S. 355.

Jager, C. de: Was ist Radosophie? In: G. von Randow (Hg.), Mein paranormales Fahrrad. rororo science, Reinbek 1994.

Jeune, O.: The Genuese sceptre unmasked. In: Dupont (Hg.), The Book of Glamorous Results. McBornelt Publishing, Schwanstetten 1996.

Joiner, M. C.: Hyperfractionation and accelerated radiotherapy. In: G. G. Steel (Hg.), Basic Clinical Radiobiology. Edward Arnold, London 1993.

K. A.: Erhöhtes Leukämierisiko in der Region um La Hague. *Fortschr. Med.* 114 (1996), S. 12.

Kaplan, S. H.; L. M. Sullivan, K. A. Dukes, C. F. Phillips, R. P. Kelch, J. G. Schaller: Sex differences in academic advancement. *New Engl. J. Med.* 335 (1996), S. 1282–1289.

Karl, T. R.; B. C. Baker: Global Warming Update. Invited Presentation by NCDC Senior Scientist, Thomas R. Karl, at the 74th Annual Meeting of the American Meteorological Society. NOAA, National Climatic Data Center, 37 Battery Pk. Ave, Asheville, NC 28801. (Internet: http://www.ncdc.noaa.gov/gblwrmupd/global.html).Stand 1996.

Kendall, M. G.; A. Stuart: The Advanced Theory of Statistics. Band 2. Griffin, London 1961.

Krabill, W.; R. Thomas, K. Jezek, K. Kuivinen, S. Manizade: Greenland ice thickness changes measured by laser altimetry. *Geophys. Res. Ltr.* 22 (1995), S. 2341–2344.

Krämer, W.: So lügt man mit Statistik. Campus, Frankfurt am Main 1994.

Lamont-Doherty Earth Observatory, Palidades, New York, USA, Research Division of Columbia University. Internet-Adresse: http://lola.ldgo.columbia.edu:81/SOURCES/.ICE/.CORE/.VOSTOK/.temp/?help+datatables (Stand: 1. Oktober 1996).

Lowry, S.: Handedness and breast cancer. *Europ. J. Cancer.* 28 A (1992), S. 1293 f.

Marcial, V. A.; T. F. Pajak, C. Chu, L. Tupchong, J. Stetz: Hyperfractionated photon radiation therapy in the treatment of advanced squamous cell carcinoma of the oral cavity, pharynx, larynx and sinuses, using radiation therapy as the only planned modality: (Preliminary report) by the Radiation Therapy Oncology Group (RTOG). *Int. J. Radiat. Oncol. Biol. Phys.* 13 (1987), S. 41–47.

Mark Twain: Einige gelehrte Fabeln für gute alte Knaben und Mädchen. In: Der gestohlene weiße Elefant. Diogenes, Zürich 1984.

Maxeiner, D.; M. Miersch: ÖkoOptimismus. Metropolitan Verlag, Düsseldorf/München 1996.

Mayo, D. G.: Error and the Growth of Experimental Knowledge. University of Chicago Press, Chicago 1996.

McKay, D. S.; E. K. Gibson Jr., K. L. Thomas-Keprta, H. Vali, C. S. Romanek, S. J. Clemett, X. D. F. Chillier, C. R. Maechling, R. N. Zare: Search for past life on Mars: Possible relic biogenic activity in Martian meteorite ALH84001. *Science* 273 (1996), S. 924–930.

Nelson, J. C.: Is the pope the pope? *Nature* 382 (1996), S. 490.

Nguyen, T. D.; L. Demange, D. Froissart, X. Panis, M. Loirette: Rapid hyperfractionated radiotherapy: Clinical results in 178 advanced squamous cell carcinomas of the head and neck. *Cancer* 56 (1985), S. 16–19.

Nguyen, T. D.; X. Panis, D. Froissart, M. Legros, P. Coninx, M. Loirette: Analysis of late complications after rapid hyperfractionated radiotherapy in advanced head and neck cancers. *Int. J. Radiat. Oncol. Biol. Phys.* 14 (1988), S. 23–25.

Olsson, H.; C. Ingvar: Left handedness is uncommon in breast cancer patients. *Europ. J. Cancer* 27 (1991), S. 1694 f.

Parker, R. A.; R. B. Rothenberg: Identifying important results from multiple statistical tests. *Stat. in Med.* 7: 1031–1043, 1988.

Penrose, R.: Computerdenken. Spektrum der Wissenschaft, Heidelberg 1991.

Pollard, P.; J. T. E. Richardson: On the probability of making type I errors. *Psychological Bulletin* 102 (1987), S. 159–163.

Popper, K.: Conjectures and Refutations: The Growth of Scientific Knowledge. Basic Books, New York 1962.

Poser, S.; T. Weber, I. Zerr, A. Giese, O. Gefeller, K. Flegenhauer, H. Kretzschmar: Keine Häufung der Creutzfeldt-Jakob-Krankheit in der Bundesrepublik Deutschland. *Deutsches Ärzteblatt* 93 (1996), S. 1535 f.

Pschyrembel Klinisches Wörterbuch, 255. Auflage. Walter de Gruyter, Berlin 1993.

Randow, G. von: Das Ziegenproblem. Denken in Wahrscheinlichkeiten. Science, Reinbek 1994.

Raymond, G. J.; J. Hope, D. A. Kocisko, S. A. Priola, L. D. Raymond, A. Bossers, J. Ironside, R. G. Will, S. G. Chen, R. B. Petersen, P. Gametti, R. Rubenstein, M. A. Smits, P. T. Landsbury, B. Caughey: Molecular assessment of the potential transmissibilities of BSE and scrapie to humans. *Nature* 388 (1997), S. 285–288.

Roth, E.: Eugen Roths Tierleben für jung und alt. Ungekürzte Ausgabe. Deutscher Taschenbuch Verlag, München 1977.

Sachs, L.: Angewandte Statistik, 5. Auflage, Springer Verlag, Heidelberg/Berlin 1978.

Saunders, M. I.; S. Dische, E. J. Grosch, D. C. Fermont, R. F. U. Ashford, E. J. Maher, A. R. Makepeace: Experience with CHART. *Int. J. Radiat. Oncol. Biol. Phys.* 21: S. 871–878, 1991.

Saunders, M. I.: Continuous, hyperfractionated, accelerated, radiation therapy (CHART). *Radiother. Oncol.* 40, Suppl. 1: S30, 1996.

Simon, R.: Design and conduct of clinical trials. In: V. T. DeVita, S. Hellman, S. A. Rosenberg (Hg.), Principles and Practice of Oncology. 4. Auflage, J. B. Lippincott, Philadelphia 1993, S. 418–444.

Sommaruga-Wögrath, S.; K. A. Koning, R. Schmidt, R. Sommaruga, R. Tessadri, R. Psenner: Temperature effects on the acidity of remote alpine lakes. *Nature* 387 (1997), S. 64–67.

Stewart, I.: Mathematische Unterhaltungen. *Spektrum der Wissenschaft*, November 1995.

Stuschke, M.; H.-P. Heilmann: Lunge und Mediastinum. In: E. Scherer und H. Sack (Hg.): Strahlentherapie. Springer-Verlag, Heidelberg 1996, S. 683–718.

Sylvester, R.: Phase I, II and III trials: role, description and statutical design. In: N. Rotmensz (Hg.), Data management and clinical trials. S. 9–35, Elsevier, 1989.

Thames, H. D.; J. H. Hendry: Fractionation in radiotherapy. Taylor & Francis, London 1987.

Thomas, L.: Labor und Diagnose. Indikation und Bewertung von Laborbefunden für die medizinische Diagnostik, 4. Auflage, Die Medizinische Verlagsgesellschaft, Marburg 1992.

Vines, G.: Is there a database in the house? *New Scientist* 145 (1995), S. 14 f.

Watzlawick, P.: Wie wirklich ist die Wirklichkeit? Piper, München 1976.

Will, R. G.; J. W. Ironside, M. Zeidler, S. N. Cousens, K. Estibeiro, A. Alperovitch, S. Poser, M. Pocchiari, A. Hofman, P. G. Smith: A new variant of Creutzfeldt-Jakob disease in the UK. *Lancet* 347 (1996), S. 921–925.

Willers, H.; H.-P. Beck-Bornholdt: Origins of radiotherapy and radiobiology: Separation of the influence of dose per fraction and overall treatment time on normal tissue damage by Reisner and Miescher in the 1930s. *Radiother. Oncol.* 38 (1996), S. 171–173.

Winkelmann, G.: Bericht über die Entdeckung seltsamer Chiffren auf einem vorgeschichtlichen Werkzeug ungewöhnlichen Materials. *Nürnberger Stadtanzeiger* 27 (1957), S. 131–146.

Withers, H. R.: The EORTC hyperfractionation trial. *Radiother. Oncol.* 25 (1992), S. 229 f.

Würschmidt, F.; H. Bünemann, C. Bünemann, H.-P. Beck-Bornholdt, H.-P. Heilmann: Inoparable non-small cell lung cancer: A retrospective analysis of 427 patients treated with high-dose radiotherapy. *Int. J. Radiat. Oncol. Biol. Phys.* 28 (1994), S. 583–588.

Wurm, R.; N. G. Burnet, N. Duggal, J. R. Yarnold, J. H. Peacock: Cellular radiosensitivity and DNA damage in primary human fibroblasts. *Int. J. Radiat. Oncol. Biol. Phys.* 30 (1994), S. 625–633.

Wurm, R.; N. G. Burnet, N. Duggal, J. R. Yarnold, J. H. Peacock: In response to Professor Beck-Bornholdt. *Int. J. Radiat. Oncol. Biol. Phys.* 32 (1995), S. 553 f.

Register